工控技术精品丛书

工控技术应用数学
（修订版）

李金城　编著

电子工业出版社
Publishing House of Electronics Industry
北京·BEIJING

内容简介

本书是为工业自动化生产一线上的初、中级电工编写的，他们由于基础较差，大多仅有中职、高中、高职文化水平，在阅读电子技术和工业自动化书籍时，往往因数学知识不足而存在阅读和理解困难。因此，有必要编写一本能与电子技术和工控技术应用相结合的数学书籍，给他们提供参考。

本书内容有初等数学基础、函数和图像、正弦量及其相量运算等数学基础知识，同时还增加了在工控技术中有用的数制与码制知识和逻辑代数知识。

本书通俗易懂，注重实际，把数学知识及其在工控技术中的应用有机地联系在一起，有助于初、中级电工解决因数学知识的缺乏而引起的专业图书阅读困难，可作为电工、工控技术人员的培训教材或参考用书。

未经许可，不得以任何方式复制或抄袭本书之部分或全部内容。
版权所有，侵权必究。

图书在版编目（CIP）数据

工控技术应用数学／李金城编著. —修订本. —北京：电子工业出版社，2020.11
（工控技术精品丛书）
ISBN 978-7-121-39874-2

Ⅰ. ①工⋯ Ⅱ. ①李⋯ Ⅲ. ①工业控制系统－应用数学 Ⅳ. ①TP273

中国版本图书馆 CIP 数据核字（2020）第 209923 号

责任编辑：陈韦凯
印　　刷：三河市鑫金马印装有限公司
装　　订：三河市鑫金马印装有限公司
出版发行：电子工业出版社
　　　　　北京市海淀区万寿路 173 信箱　邮编 100036
开　　本：880×1230　1/32　印张：5.625　字数：166.3 千字
版　　次：2013 年 3 月第 1 版
　　　　　2020 年 11 月第 2 版
印　　次：2020 年 11 月第 1 次印刷
定　　价：48.00 元

凡所购买电子工业出版社图书有缺损问题，请向购买书店调换。若书店售缺，请与本社发行部联系，联系及邮购电话：(010) 88254888，88258888。
质量投诉请发邮件至 zlts@phei.com.cn，盗版侵权举报请发邮件至 dbqq@phei.com.cn。
本书咨询联系方式：chenwk@phei.com.cn，(010) 88254441。

前　言

　　本书是针对工作在生产第一线的电工编写的。他们或因数学知识没有学好，或因时间长了有所遗忘等种种原因，在学习和应用电工电子技术、工业自动化控制技术时，常常因为数学知识的不足造成学习和工作上的困难。因此，在参加工作后能够结合电工电子技术和工业自动化技术重新学习数学基础知识及其应用就成了他们的一种学习需求。本书就是基于这种需求，结合作者多年的工控技术实践并参考他人的经验而编写的。

　　本书共分5章。第1章复习初中阶段所学过的初等数学基础知识。这些知识是数学的基础，虽然简单但非常重要，在电工电子技术和工控技术中应用很多，同时，这些知识也为学习更深的数学知识打下基础。第2章为函数及其图像，其中，在工控技术中用得最多的是一次函数，本书结合实际应用进行详细讲解。第3章为正弦函数与相量运算，介绍了三角函数、复数及其运算，以及正弦相量在正弦交流电路中的应用。第4章数制与码制、第5章逻辑代数及其应用是为可编程序控制器（PLC）的学习而编写的，这些知识虽然不在基本数学知识范围内，但具有初中文化程度以上的工控人员是完全可以学懂的。它们对于学习、加深理解PLC及其应用很有帮助，而且，这部分内容比较独立，可以单独进行学习，基本不用前面3章的数学基础知识。

　　本书是作者的一个尝试。由于作者水平有限，书中定有不少疏漏和不足之处，恳请广大读者，特别是工作在第一线的广大电工和工控技术人员批评指正。

　　本书在编写过程中得到了李震涛、杨勇珍、薛碧怡等人的大力协助，同时也参考了一些书的内容，引用了一些资料，难以一一列举，在此一并表示衷心感谢。

　　本书同时有配套讲课视频，由深圳技成科技有限公司负责制作发行，有需要的读者可与该公司联系，联系电话为4001114100。

读者在阅读过程中，如有问题，也可与作者联系，电子邮箱：jc1350284@163.com。

李金城

目　　录

第1章　初等数学基础知识 ……………………………………………… (1)
　1.1　实数及其运算 …………………………………………………… (1)
　　　1.1.1　实数的概念和有理数的运算法则 ……………………… (1)
　　　1.1.2　数轴及其在电路分析中的应用 ………………………… (4)
　1.2　代数式 …………………………………………………………… (6)
　　　1.2.1　代数式简介 ………………………………………………… (6)
　　　1.2.2　整式的加减 ………………………………………………… (8)
　　　1.2.3　整式的乘法 ………………………………………………… (11)
　1.3　方程和方程组 …………………………………………………… (13)
　　　1.3.1　方程的有关知识 …………………………………………… (13)
　　　1.3.2　一元一次方程 ……………………………………………… (15)
　　　1.3.3　一元二次方程 ……………………………………………… (17)
　　　1.3.4　二元一次方程组 …………………………………………… (19)
　　　1.3.5　n 元一次方程组 …………………………………………… (21)
　1.4　不等式 …………………………………………………………… (23)
　　　1.4.1　概念与基本性质 …………………………………………… (23)
　　　1.4.2　一元一次不等式 …………………………………………… (25)
　　　1.4.3　一元一次不等式组 ………………………………………… (27)

第2章　函数及其图像 ………………………………………………… (29)
　2.1　平面笛卡儿坐标系 ……………………………………………… (29)
　　　2.1.1　平面笛卡儿坐标系简介 …………………………………… (29)
　　　2.1.2　平面上点的坐标表示 ……………………………………… (30)
　2.2　函数及其图像 …………………………………………………… (32)
　　　2.2.1　函数及其表示方式 ………………………………………… (32)
　　　2.2.2　函数的性质与反函数 ……………………………………… (35)
　　　2.2.3　函数的图像 ………………………………………………… (38)
　2.3　一次函数 ………………………………………………………… (38)

  2.3.1 正比例函数简介 (38)
  2.3.2 一次函数简介 (40)
  2.3.3 一次函数在工控技术中的应用 (44)
 2.4 二次函数 (48)
  2.4.1 二次函数简介 (48)
  2.4.2 二次函数的图像和性质 (48)
 2.5 常用函数 (52)
  2.5.1 反比例函数 (52)
  2.5.2 指数函数 (53)
  2.5.3 对数函数 (55)

第3章 正弦函数与相量运算 (60)

 3.1 三角函数 (60)
  3.1.1 锐角三角函数 (60)
  3.1.2 任意角三角函数 (64)
  3.1.3 三角函数图像与性质 (73)
  3.1.4 三角函数公式 (75)
  3.1.5 解斜三角形 (76)
 3.2 正弦函数 (77)
  3.2.1 正弦函数的图像变换 (77)
  3.2.2 正弦函数三要素 (81)
  3.2.3 正弦函数运算 (82)
 3.3 复数及其运算 (84)
  3.3.1 复数的概念 (84)
  3.3.2 复数的表示 (86)
  3.3.3 复数的运算 (90)
 3.4 正弦交流电路相量运算 (94)
  3.4.1 正弦量的相量表示 (94)
  3.4.2 R、L、C 的正弦交流电路相量表示 (97)
  3.4.3 R、L、C 串联电路正弦相量运算 (102)
  3.4.4 正弦交流电路相量运算的步骤 (103)

第4章 数制与码制 (106)

4.1 数制及其转换 (106)
4.1.1 数制及其表示 (106)
4.1.2 数制的转换 (111)
4.1.3 数的运算 (115)

4.2 编码 (118)
4.2.1 十进制码（BCD 码） (118)
4.2.2 格雷码 (120)
4.2.3 ASCII 码与字符代码 (123)

4.3 数控设备中数的表示 (126)
4.3.1 正数与负数 (126)
4.3.2 整数与浮点数 (130)

第5章 逻辑代数及其应用 (133)

5.1 基本逻辑运算和公式 (133)
5.1.1 概述 (133)
5.1.2 基本逻辑运算 (133)
5.1.3 基本逻辑运算表示方法 (135)
5.1.4 逻辑代数基本定律和公式 (138)

5.2 逻辑函数 (141)
5.2.1 逻辑函数简介 (141)
5.2.2 逻辑函数的卡诺图表示 (144)
5.2.3 逻辑函数的化简 (150)

5.3 逻辑代数在工控技术中的应用 (159)
5.3.1 继电控制和梯形图中的逻辑关系 (159)
5.3.2 梯形图的组合逻辑控制设计 (160)
5.3.3 梯形图的时序逻辑状态分析与控制设计 (165)

第1章 初等数学基础知识

学习指导：本章是对初中数学知识的复习，这些知识虽然非常简单，却是进一步学习数学知识的基础。

1.1 实数及其运算

1.1.1 实数的概念和有理数的运算法则

1. 实数的概念

（1）自然数：0,1,2,3,4,…称为自然数。

（2）有理数：整数和分数统称有理数，即正整数、负整数、分数和零统称有理数。

（3）无理数：无限不循环小数称为无理数，如$\sqrt{2}$、$3\sqrt{3}$、π等。

（4）实数：有理数和无理数的集合统称实数，即

$$实数\begin{cases}有理数\begin{cases}整数\begin{cases}正整数\\零\\负整数\end{cases}\\分数\begin{cases}正分数\\负分数\end{cases}\end{cases}\\无理数（正、负无理数）：无限不循环小数\end{cases}$$

（5）倒数：乘积为1的两个数互为倒数。

（6）相反数：只有符号不同的两个数互为相反数。

（7）绝对值：正数与零的绝对值是其本身，负数的绝对值等于它的相反数，记作$|a|$，即

$$|a|=\begin{cases}a & (a\geqslant 0)\\-a & (a<0)\end{cases}$$

（8）区间：介于a和b两数之间的所有实数的全体（$a\leqslant b$）称为区间。若包括端点在内的，称为闭区间；不包括端点在内的，称为开区间；只包括一个端点在内的，称为半开半闭区间。区间的表示：闭区间为$[a,b]$，开区间为(a,b)，半开半闭区间为$[a,b)$

或（a,b]。

2．有理数的运算法则和定律

（1）加（减）法运算法则：①同号两数相加，取相同的符号，并把绝对值相加；②绝对值不等的异号两数相加，取绝对值较大的加数的符号，并用较大的绝对值减去较小的绝对值；③相反数的和为零；④一个数与零相加，仍得这个数；⑤两数相减，减去一个数，等于加上它的相反数，即 $a-b=a+(-b)$。

（2）乘法运算法则：①几个实数相乘，有一个因数是零，则积等于零；②如果没有零因数，则负因数的个数为偶数时积取正号，负因数的个数为奇数时积取负号，并把各因数的绝对值相乘。

（3）除法运算法则：①0 不能做除数；②若除数不为 0，则除以一个数等于乘上这个数的倒数，其符号与乘法相同，即 $b\neq 0$，则 $a\div b=a\times 1/b$；③0 除以任何一个不为 0 的数，都为 0。

（4）乘方：相同因数相乘称为乘方，其积称为幂。乘方是乘法的特例。负数的偶次幂为正数，负数的奇次幂为负数。

（5）开方：求一个实数方根的运算称为开方，结果为方根。开方是乘方的逆运算。在实数中，负数没有偶次方根，所以开方运算的结果不一定仍是实数。

（6）交换律、结合律及分配律：

① 交换律：$a+b=b+a$，$a\times b=b\times a$；

② 结合律：$a+b+c=(a+b)+c=a+(b+c)$，$a\times b\times c=(a\times b)\times c=a\times(b\times c)$；

③ 分配律：$(a+b)\times c=a\times c+b\times c$。

（7）乘方的运算定律：

$a^m a^n = a^{(m+n)}$；

$(a^m)^n = a^{m\times n}$；

$(a\times b)^m = a^m \times b^m$；

$a^m \div a^n = a^{(m-n)}$。

（8）有理数的混合运算：先算乘方，再算乘除，最后算加减，如果有括号，则先算括号内的。同级运算中，从左到右按顺序算。

（9）近似数与有效数字：

① 近似数。近似地表示某一个量的值的数称为近似数。一个

近似数四舍五入到哪一位,这个近似数就精确到哪一位。

② 有效数字。由四舍五入得到的近似数,精确到某一位,那么,从左面第一个不是零的数字起,到这一位数字止,所有的数都称为这个数的有效数字。

【例1】计算下列各式:

(1) $\left(\dfrac{3}{4}+\dfrac{5}{8}-\dfrac{7}{12}\right)\times 24 - 1.375 \div 0.25 + 0.476 - (2.5 - 0.524)$

(2) $\dfrac{3}{4} - \dfrac{1}{3} + \dfrac{1}{2} - \dfrac{1}{6} - 0.25$

(3) $-(0.25)^2 \div \left(-\dfrac{1}{2}\right)^2 \times (-1)^{17} + \left(1\dfrac{3}{8} + 2\dfrac{1}{3} - 3.75\right)\times 24$

(4) $[(-1)^{1994} - 0.2^2] \times (\sqrt{2})^0$

解:(1) 原式 $= \left(\dfrac{18+15-14}{24}\right)\times 24 - \dfrac{11}{8} \div \dfrac{1}{4} + 1 - 2.5$

$= 19 - \dfrac{11}{2} + 1 - \dfrac{5}{2}$

$= 20 - 8$

$= 12$

(2) 原式 $= \dfrac{3\times 3 - 1\times 4 + 1\times 6 - 1\times 2 - 1\times 3}{12}$

$= \dfrac{6}{12}$

$= \dfrac{1}{2}$

(3) 原式 $= -\left(\dfrac{1}{4}\right)^2 \div \left(-\dfrac{1}{2}\right)^2 \times (-1) + \left(\dfrac{11}{8} + \dfrac{7}{3} - \dfrac{15}{4}\right)\times 24$

$= -\dfrac{1}{16} \times 4 \times (-1) + (33 + 56 - 90)$

$= \dfrac{1}{4} + (-1)$

$$= -\frac{3}{4}$$

(4) 原式=(1−0.04)×1=0.06

【例2】用四舍五入法，按括号中的要求对下列各数取近似值。

（1）0.32049（精确到千分位）；

（2）3.49499（精确到0.01）；

（3）4539（保留一位有效数字）；

（4）0.003195（保留两位有效数字）。

解： （1）0.32049≈0.320

（2）3.49499≈3.49

（3）4539≈5×10³

（4）0.003195≈3.2×10⁻³

【1.1.1 练习题】

1．计算：

（1）$(-3)\times(-2)^3\div 2^2+\sqrt{(-2)^4}\div(-2)\times(-2)^2$

（2）$2\dfrac{3}{8}-\left[5\dfrac{2}{9}-(-0.375)\right]-1\dfrac{7}{9}$

（3）$-\dfrac{0.5}{2}+\left(\dfrac{\frac{1}{3}}{\frac{3}{5}}+\dfrac{1}{\frac{1}{5}}\right)\times\dfrac{6}{4\frac{1}{3}}\div\dfrac{4}{0.5}$

2．下列由四舍五入得到的近似数，各精确到哪一位，各有几位有效数字？

（1）0.00430　　　　　　　　（2）250万

（3）0.0043　　　　　　　　　（4）3.10×10^4。

1.1.2 数轴及其在电路分析中的应用

1．数轴

（1）数轴是规定了原点、正方向和单位长度的直线。原点、正方向和单位长度是数轴的三要素，如图 1-1 所示。

图 1-1　数轴

（2）所有的有理数都可以用数轴上的点表示，但数轴上的点不都表示有理数。

（3）有理数的大小比较：在数轴上表示的两个数，右边的数总比左边的数大；正数都大于 0；负数都小于 0；正数大于一切负数。

2. 实数的概念及其在数轴上的表示

（1）正数和负数：在数轴上，正数是指从原点往正方向的数，而负数则是从原点往正方向相反方向上的数（也称反方向）。在实际生活中，常常用正数和负数表示具有相反意义的量。例如，收入 500 元记作+500 元（正号+可省略），支出 200 元记作-200 元（负号不能省略）；向东走 5km，如果向西走 5km，则记作-5km 等。

（2）相反数：在数轴上，表示互为相反数是指与原点距离相等的两个数，如图 1-1 中的 5 和-5。

（3）绝对值：在数轴上，绝对值是指该数到原点的距离，注意，距离是长度，它没有正负。

（4）区间：在数轴上，空心圆点表示开区间，实心圆点表示闭区间，如图 1-2 所示。

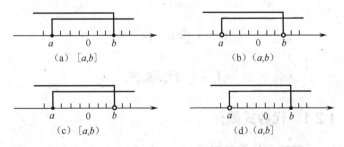

图 1-2　区间

3. 数轴及其在电路分析中的应用

数轴上的正、负数表示了相反意义上的量，应用到电路分析中，它帮助解决了电路、电压、电流的计算问题。

在电路中，电流是由电源正极流向电源的负极的。从图1-3（a）中可知，电流是从 a 点流向 b 点的。同样在图1-3（b）中，电流也是从 a 点流向 b 点的。但是在图1-3（c）中，不能判断电流是从 a 点流向 b 点还是从 b 点流向 a 点，这就给电路分析造成了困难。如果再进一步具体分析一下，从 a 到 b 的中间这段支路中，它只能有一个电流，其大小是确定的。其方向不是由 a 流向 b，就是由 b 流向 a。根据数学的正、负数和相反数的知识，我们可以先假设某一个方向为正方向，然后在这个假设的前提下，利用电路基本定律来求解电路。如果求出电流是负值的话，这个负值不可能表示欠电路电流，它只能表示电流的方向与假设相反，是从 b 流向 a。反之，求出的电流是正值，则表示电流的方向与假设是一样的，从 a 流向 b。

在电路分析中，类似电流流向的还有两点电位的高低，也是采用这种方法处理的。

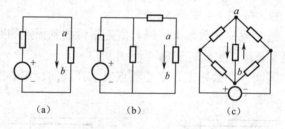

图1-3　电流方向表示

1.2　代数式

1.2.1　代数式简介

1. 代数式和代数式的值

（1）代数的基本含义是用字母来代表数、代表式。

（2）代数式：用基本的运算符号（加、减、乘、除、乘方、开方）把数或表示数的字母连接而成的式子，称为代数式。实数的运算规律也适用于代数式。单独的一个数或字母也是代数式。

（3）代数式的值：能用具体的数值代替代数式中的字母，按照代数式指明的计算，计算出的结果称为代数式的值。

2．列代数式和公式

（1）列代数式：把简单的与数量有关的词语用代数式表示出来，称为列代数式。

（2）公式：用等号连接起来的两个代数式，实际意义是表示物理量之间关系或数学运算关系的式子。

3．代数式分类

（1）代数式分类如下：

$$代数式\begin{cases}有理式\begin{cases}整式\begin{cases}单项式\\多项式\end{cases}\\分式\end{cases}\\无理式\end{cases}$$

（2）单项式和多项式统称整式。

（3）分式：如果 A、B 为整式，B 中含有字母，式子 A/B 称为分式。

【例3】说出下列代数式的意义。

（1）$a(b+1)$　　　　（2）$\dfrac{1}{a+b}$

解：（1）a 乘以 b 与 1 的和的积。

（2）a 与 b 之和的倒数。

【例4】当 $a=0$，$a=\dfrac{1}{2}$，$a=0.6$ 时，求代数式 $2a^2-a+1$ 的值。

解：（1）$a=0$ 时，有

$$2a^2-a+1=2\times 0-0+1=1$$

（2）$a=\dfrac{1}{2}$ 时，有

$$2a^2-a+1=2\times\left(\dfrac{1}{2}\right)^2-\dfrac{1}{2}+1=1$$

（3）$a=0.6$ 时，有

$$2a^2-a+1=2\times(0.6)^2-0.6+1=1.12$$

【1.2.1 练习题】

1. 判断下列各式哪些是代数式，哪些不是代数式。

（1） $x+y$ （2） $3(a+b)$ （3） $S=\dfrac{1}{2}ab$

（4） $5+3+2$ （5） 0 （6） $a+b=x+y$

2. 求代数式 $8a^3-3a^2+2a+4$ 的值。

（1） $a=0$ （2） $a=\dfrac{1}{2}$ （3） $a=-1$

3. 用代数式表示：

（1）比 x 大 5 的数与比 y 少 8 的数的和。

（2）两个数 a、b 的平方和与这两个数积的差的倒数。

（3）每件上衣售价 a 元，降价 10% 后的售价。

4. 一个长方形纸箱，它的长是 a，宽是 b，高也是 b，试写出这个纸箱的体积公式。

1.2.2 整式的加减

1. 单项式

（1）单项式：不含加法或减法运算，都是数字与字母的积，这样的整式称为单项式。

（2）单项式系数：单项式中的数字因数（包括前面的符号）。

（3）单项式次数：单项式中所有字母的指数的和。

【例5】指出下列各单项式的系数和次数。

$$-x, \quad -\dfrac{2x^3y}{3}$$

解：（1） $-x$，系数为 -1，次数为 1。

（2） $-\dfrac{2x^3y}{3}$，系数为 $-\dfrac{2}{3}$，次数为 4。

2. 多项式

（1）多项式：多个单项式的代数和。

（2）多项式的项：多项式中每一个单项式称为多项式的一项，

有几个单项式称为几项式。多项式中不含有字母的项称为常数项。

（3）多项式的次：多项式中，次数最高的单项式的次数是多项式的次。

（4）多项式排列：

① 降幂排列，即把一个多项式按其中某一个字母的指数由高到低的顺序排列。

② 升幂排列，即把一个多项式按其中某一个字母的指数由低到高的顺序排列。

【例6】 指出多项式 $6a-5a^2b^2-8a^4b^3-b^3+5$ 是几次几项式，其常数项是多少？并按字母 a 降幂顺序重新排列。

解： 多项式为七次五项式，常数项为5。

降幂排列为
$$-8a^4b^3-5a^2b^2+6a-b^3+5$$

3．合并同类项

（1）同类项：多项式中所含字母相同且相同字母的指数分布对应相等的项。

（2）合并同类项：多项式中，凡同类项均可进行合并，合并的法则是系数与系数相加作为新的系数，字母和字母的指数不变。

（3）去括号和添括号：括号前面去掉（或添上）"+"号，括号内各项符号不变；括号前面去掉（或添上）"-"号，括号内各项都变号（正变负，负变正）。

【例7】 判断下列两个单项式是不是同类项。

（1） $3x^4y$ 和 $3xy^2$　　　　（2） mn 和 $-4nm$

（3） $-a^2$ 和 b^2a　　　　（4） 8 与 $8b$

解： （1） $3x^4y$ 和 $3xy^2$ 不是同类项。

（2） mn 和 $-4nm$ 是同类项。

（3） $-a^2$ 和 b^2a 不是同类项。

（4） 8 和 $8b$ 不是同类项。

【例8】 合并同类项：

（1） $x^4-x+x^2+3+x^3-3x^2+1$

(2) $5ab - 4a^2b^2 - 8ab^2 + 3ab - ab^2 - 4a^2b^2$

解：（1）$x^4 - x + x^2 + 3 + x^3 - 3x^2 + 1$
$= x^4 + x^3 - 2x^2 - x + 4$

（2）$5ab - 4a^2b^2 - 8ab^2 + 3ab - ab^2 - 4a^2b^2$
$= 8ab - 8a^2b^2 - 9ab^2 + 3ab$

【例9】对多项式 4a-(3a-5b-7c)+3(-2c+5b) 去括号。

解：4a-(3a-5b-7c)+3(-2c+5b)
=4a-3a+5b+7c-6c+15b
=a+20b+c

4．整式的加减

（1）整式的加减运算实际上就是合并同类项。

（2）运算的步骤是先去括号，再合并同类项。整式的加减结果仍为整式。

【例10】计算：

（1）$(-x^3 - 3x^2 + 7x - 8) - (4x^2 - 7x + 16) - 4(2x^2 + 9)$

（2）$3x^2y + \{xy - [3x^2y - (4xy^2 + xy)] - 4xy^2\}$

解：（1）原式 $= -x^3 - 3x^2 + 7x - 8 - 4x^2 + 7x - 16 - 8x^2 - 36 = -x^3 - 15x^2 + 14x - 60$

（2）原式 $= 3x^2y + [xy - (3x^2y - 4xy^2 - xy) - 4xy^2]$
$= 3x^2y + (xy - 3x^2y + 4xy^2 + xy - 4xy^2)$
$= 3x^2y + xy - 3x^2y + 4xy^2 + xy - 4xy^2$
$= 2xy$

【1.2.2 练习题】

1．化简：

（1）(3a+5b)-(5a-7b)-(2a-4b)

（2）$(x^3 - 3x^2y + 3xy^2 - y^3) - (x^3 + 3x^2y + 3xy^2 + y^3)$

2．计算：

（1）$A = -x^2 + 2xy - y^2$, $B = xy - 3x^2$, $C = 2y^2 - xy$，求 A-2B+3C。

（2）5a+(-2a)-[3×(a-1)-4(2a+1)]，求 a=-1 的值。

1.2.3 整式的乘法

1．同底数幂运算法则

$a^m a^n = a^{m+n}$

$a^m \div a^n = a^{m-n}$

$(a^m)^n = a^{mn}$

$(ab)^n = a^n b^n$

2．单项式的乘法

（1）积的系数为各个因式系数的积。

（2）相同字母相乘，按同底数幂的运算法则进行合并。

（3）保留仅在一个单项式中出现的因式。

3．单项式与多项式相乘

（1）法则：单项式与多项式相乘，就是用单项式去乘多项式的每一项，变成单项式的乘法。

（2）对乘积进行合并同类项整理。

4．多项式与多项式相乘

（1）法则：用一个多项式的每一项乘以另一个多项式的每一项，再把所得的积相加。

（2）对乘积进行合并同类项整理。

5．常用乘法公式

$(a+b)(a-b) = a^2 - b^2$

$(a+b)^2 = a^2 + 2ab + b^2$

$(a-b)^2 = a^2 - 2ab + b^2$

$(a+b)(a^2 - ab + b^2) = a^3 + b^3$

$(a-b)(a^2 + ab + b^2) = a^3 - b^3$

$(a+b)^3 = a^3 + 3a^2 b + 3ab^2 + b^3$

$(a-b)^3 = a^3 - 3a^2 b + 3ab^2 - b^3$

【例 11】化简：

（1）$-\dfrac{7}{4} x^2 yz \cdot \dfrac{4}{7} xy^2 z \cdot \left(-\dfrac{49}{16} xyz^2\right)$

（2）$a^3 b^2 c \cdot \left(-\dfrac{15}{2} a^{2n} bc^{n-1}\right) \cdot \left(-\dfrac{7}{30} a^n b^n\right)$

解：（1）原式 $=\left(-\dfrac{7}{4}x\dfrac{4}{7}x-\dfrac{49}{16}\right)\cdot(x^2yz\cdot xy^2z\cdot xyz^2)$

$=\dfrac{49}{16}x^4y^4z^4$

（2）原式 $=\left(-\dfrac{15}{2}\times-\dfrac{7}{30}\right)\cdot(a^3b^2c\cdot a^{2n}bc^{n-1}\cdot a^nb^n)$

$=\dfrac{7}{4}a^{3n+3}b^{n+3}c^n$

【例12】化简：

$$3x^2\cdot\left(\dfrac{1}{3}xy+y^2\right)+(x^2y-xy^2)\cdot(-5x)$$

解：原式 $=x^3y+3x^2y^2-5x^3y+5x^2y^2$

$=-4x^3y+8x^2y^2$

【例13】化简：$(2a+3)\cdot(2a-5)$。

解：原式 $=4a^2-10a+6a-15=4a^2-4a-15$

【1.2.3 练习题】

1．计算：

（1）$a^3\cdot a^2\cdot a^4+(-a^2)^4+(-2a^4)^2$

（2）$2(x^2)^3\cdot x^3-(2x^3)^3+(4x)^2\cdot x^7$

2．计算：

（1）$x(y-x)-y(x-y)$

（2）$-2a^2\left(\dfrac{1}{2}ab+b^2\right)+5ab(-a^2+1)$

（3）$(-3xy)\cdot 5x^2y+6\left(\dfrac{7}{2}xy^2-2y^2\right)$

3．计算：

（1）$(3x^4-3x^2)\cdot(x^4+x^2-2)$

（2）$(x-1)\cdot(x+1)\cdot(x^2+1)$

1.3 方程和方程组

1.3.1 方程的有关知识

1. 方程的有关概念

（1）方程：含有未知数的等式称为方程。

（2）方程的元：方程中含有未知数的个数。

（3）方程的次：方程中含有未知数的最高次幂的次数。

（4）方程的解：使方程左右两边相等的未知数的值称为方程的解。

（5）解方程：求方程解的过程称为解方程。

（6）方程组：由几个方程联立组成的一组方程，称为方程组。

（7）方程组的解：方程组里所有方程的公共解，称为方程组的解。

（8）解方程组：求出方程组的解或证明它们无公共解的过程，称为解方程组。

2. 方程移项法则

（1）移项：把方程中的已知项从方程的一边移到另一边，这种变形称为方程的移项。

（2）多项式中单项式移项（俗称左右移项）：当一个单项式从一边移到另一边后，其符号要变号（+变-，-变+）。

（3）单项式的移项（俗称上下移项）：当等式两边为分式形式存在时，分子项移到另一边变成分母项，而分母项移到另一边变成分子项。

【例14】 通过移项整理下列方程。

（1）$3(x-(2x(x+1)))=2(1-x)$

（2）$x - \dfrac{x-1}{2} = 2 - \dfrac{x+2}{3}$

解：（1）$3x - 6x^2 - 6x = 2 - 2x$

$3x - 6x^2 - 6x + 2x - 2 = 0$

$-6x^2 - x - 2 = 0$

$6x^2 + x + 2 = 0$

(2) $\dfrac{2x-(x-1)}{2}=\dfrac{6-(x+2)}{3}$

$3[2x-(x-1)]=2[6-(x-2)]$

$3x+3=8-2x$

$3x+3-8+2x=0$

$5x-5=0$

【例15】 整理方程，使左边为含未知数项，右边为常数项。

（1） $\dfrac{x+4}{5}-x+5=\dfrac{x+3}{3}-\dfrac{x-2}{2}$

（2） $x-\dfrac{1-\dfrac{x}{2}}{6}=\dfrac{1}{3}(x+1)$

解：（1） $6(x+4-5x+25)=5(2x+6-3x+6)$

$6(29-4x)=5(12-x)$

$174-24x=60-5x$

$19x=114$

（2） $6x-\left(1-\dfrac{x}{2}\right)=2(x+1)$

$12x-(2-x)=4(x+1)$

$13x-2=4x+4$

$3x=2$

【例16】 解方程：

（1） $10x+3=3(2x+1)-(3-x)$

（2） $\dfrac{x+4}{5}-1=\dfrac{2x-3}{3}-\dfrac{3(x-1)}{2}$

（3） $\dfrac{ax+b}{a-b}=\dfrac{ax-b}{a+b}(a\neq\pm b)$

解：（1） 去括号 $10x+3=6x+3-3+x$

移项 $10x-6x-x=3-3-3$

合并同类项 $3x=-3$

得 $x=-1$

（2） 两边乘以 30

$6(x+4)-30=10(2x-3)-15\times 3(x-1)$

去括号，合并同类项 $6x-6=-25x+15$

移项 $31x=21$

得 $x=\dfrac{21}{31}$

（3）此类含有字母的方程，字母 a,b 要看作已知数，未知数是 x。

乘除移项 $(a+b)(ax+b)=(a-b)(ax-b)$

去括号 $a^2+ab+abx+b^2=a^2x-abx-ab+b^2$

移项，合并同类项 $2abx=-2ab$

$x=-1$

【1.3.1 练习题】

1. 解方程：$y-\dfrac{y-1}{2}=2-\dfrac{y+2}{5}$
2. 解方程：$3[x-2(x-1)]=2(1-x)$
3. 解方程：$m(nx-2)=2(mx-3)+n$（$m\neq 0$，$n\neq 2$）

1.3.2 一元一次方程

1. 概念

方程中只有一个未知数，且未知数的最高次幂为 1 的方程，称为一元一次方程。

2. 解方程

一元一次方程通过去分母、去括号、移项、合并同类项等步骤以后，都可以化成标准形式：

$$ax=b \quad 或 \quad x=\dfrac{b}{a}$$

3．方程的解

当 $a\neq 0$ 时，方程有唯一解 $x=b/a$。

当 $a=0$，$b\neq 0$ 时，方程无解。

当 $a=0$，$b=0$ 时，方程有无数个解。

4．一元一次方程在电工电子电路中的应用

一元一次方程常常用来求解电路中的未知量，因为电子电路中很多定理、定律都属于一元一次方程的范畴,例如,欧姆定律、基尔霍夫电流定律、基尔霍夫电压定律和叠加定理、等效电源定理等。往往把定律中某一参数设置为未知数,通过其他参数列出一元一次方程求解,下面通过几个例子给予说明。

【例 17】图 1-4 所示为发光二极管电路,设发光二极管正向压降为 2.3V,导通电流为 5mA,电源 E=24V,求限流电阻值 R。

解:由基尔霍夫电压定律得

$$E = I \cdot R + V_D \quad (一元一次方程)$$

则

$$R = \frac{E - V_D}{I} = \frac{24 - 2.3}{5} = 4.34 \text{k}\Omega$$

可选 R=4.3kΩ。

【例 18】如图 1-5 所示,$I = 2\text{A}, E_1 = 48\text{V}, R_1 = R_2 0.5\Omega, R_3 = 6\Omega$,$R_4 = 5\Omega$,求 E_2 的大小和极性。

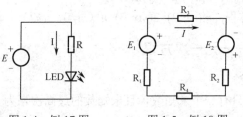

图 1-4 例 17 图 图 1-5 例 18 图

解:E_2 的极性不知道,但不是上正下负,就是下正上负,根据 1.1.2 节所讲,先假设一正方向。例如,下负上正,如图 1-5 所示。

由基尔霍夫电压定律列顺时针回路方程,得

$$E_1 = IR_3 + (-E_2) + IR_2 + IR_4$$
$$E_1 = I(R_1 + R_2 + R_3 + R_4) - E_2$$
$$E_2 = I(R_1 + R_2 + R_3 + R_4) - E_1$$
$$E_2 = 2 \times 12 - 48 = -24\text{V}$$

E_2 的电压为 24V,极性与假设相反,是上正下负。

1.3.3 一元二次方程

1．概念

方程中只有一个未知数，且未知数的最高次幂为 2 的方程，称为一元二次方程。

2．解方程

一元二次方程通过去分母、去括号、移项、合并同类项等步骤以后，都可以化成标准形式：

$$ax^2 + bx + c = 0\,(a \neq 0)$$

一元二次方程的求解方法有因式分解法、配方法和公式法等，这里仅介绍公式法求解。

3．公式法求解

设一元二次方程的解为 x_1, x_2，则其解为

$$\begin{cases} x_1 = -\dfrac{b}{2a} + \dfrac{\sqrt{b^2 - 4ac}}{2a} \\ x_2 = -\dfrac{b}{2a} - \dfrac{\sqrt{b^2 - 4ac}}{2a} \end{cases}$$

4．对方程解的讨论

设 $\Delta = b^2 - 4ac$，则有：

$\Delta > 0$，有两个不同的实数解；

$\Delta = 0$，有两个相同的实数解；

$\Delta < 0$，方程无实数解。

5．方程的解与系数之间的关系（韦达定理）

当 x_1, x_2 为方程 $ax^2 + bx + c = 0\,(a \neq 0)$ 的两个解时，则下面关系式成立。

$$\begin{cases} x_1 + x_2 = -\dfrac{b}{a} \\ x_1 \cdot x_2 = \dfrac{c}{a} \end{cases}$$

【例 19】用公式法解方程：$3x^2 + 2x - 8 = 0$。

解：依题意有 $a=3$，$b=2$，$c=-8$。

代入公式，得
$$\begin{cases} x_1 = -\dfrac{2}{2\times 3} + \dfrac{\sqrt{4+96}}{2\times 3} = -\dfrac{1}{3} + \dfrac{5}{3} = \dfrac{4}{3} \\ x_2 = -\dfrac{2}{2\times 3} - \dfrac{\sqrt{4+96}}{2\times 3} = -\dfrac{1}{3} - \dfrac{5}{3} = -2 \end{cases}$$

【例20】当 k 为何值时，方程 $x^2+(k-2)x+\dfrac{3}{2}k-3=0$ 有两个相等的实数解。

解：依题意 $\Delta=0$ 时，方程有两个相等的实数解。

$$\Delta = b^2 - 4ac = (k-2)^2 - 4\times 1 \times \left(\dfrac{3}{2}k - 3\right)$$
$$= (k-2)^2 - (6k - 12)$$
$$= k^2 - 4k + 4 - 6k + 12 = k^2 - 10k + 16$$

故
$$k^2 - 10k + 16 = 0$$

按公式法解出 $k_1 = 8$，$k_2 = 2$。

即当 $k=8$ 或 $k=2$ 时，方程有两个相等的实数解。

【例21】已知方程 $3x^2 + 6x - 2 = 0$ 的两个解为 x_1, x_2，不解方程，求下列各式的值。

（1）$\dfrac{1}{x_1} + \dfrac{1}{x_2}$ （2）$x_1^2 + x_2^2$

解：由韦达定理可知
$$\begin{cases} x_1 + x_2 = -\dfrac{b}{a} = -2 \\ x_1 \cdot x_2 = \dfrac{c}{a} = -\dfrac{2}{3} \end{cases}$$

（1）$\dfrac{1}{x_1} + \dfrac{1}{x_2} = \dfrac{x_2 + x_1}{x_1 \cdot x_2} = \dfrac{-2}{-\dfrac{2}{3}} = 3$

（2）$x_1^2 + x_2^2 = (x_1 + x_2)^2 - 2x_1 x_2$
$$= (-2)^2 - 2\times\left(-\dfrac{2}{3}\right) = 4 + \dfrac{4}{3} = \dfrac{16}{3}$$

【1.3.3 练习题】

1. 公式法解方程 $4(x+1)^2 = 9(2x-3)^2$。
2. 试判断方程 $4x^2 - x + 3 = 7x$ 解的情况。
3. 已知一元二次方程的两个解 9 和 -1，求该一元二次方程。
4. 已知方程 $3x^2 - 2x - 1 = 0$ 的两个解 x_1, x_2，在不求出解的情况下，求 $\dfrac{x_2}{x_1} + \dfrac{x_1}{x_2}$ 的值。

1.3.4 二元一次方程组

1．概念

方程中含有两个未知数，且各未知数的最高次幂均为 1 的方程，称为二元一次方程，由两个二元一次方程组成的方程组称为二元一次方程组，其一般形式为

$$\begin{cases} a_1 x + b_1 y = c_1 \\ a_2 x + b_2 y = c_2 \end{cases}$$

2．二元一次方程组的解

（1）二元一次方程组的解是满足两个方程的左右两边值相等的两个未知数的值（称为一组解）。

（2）二元一次方程组常用解法有代入法、加减消元法和行列式法。下面举例说明代入法和加减消元法的应用。

【例22】 试用代入法求解二元一次方程组

$$\begin{cases} 3x + 4y = 18 \quad (1) \\ 5x + 8y = 34 \quad (2) \end{cases}$$

解：代入法是在方程组中选出一个方程，然后用一个未知数的代数式表示另一个未知数，并把这个代数式代入另一个方程中，使另一个方程变成一个一元一次方程进行求解。解出一个未知数后，再通过代数式或代入原方程中求出另一个未知数。

选式（1），用 x 的代数式表示 y，有

$$y = \dfrac{18 - 3x}{4} \quad (3)$$

将式（3）代入式（2），得

$$5x + 8 \times \frac{18-3x}{4} = 34$$

整理，得

$$5x+36-6x=34$$
$$-x=-2$$

解得

$$x=2$$

把 $x=2$ 代入式（3），解得

$$y = \frac{18-6}{4} = 3$$

所以方程组的解为

$$\begin{cases} x = 2 \\ y = 3 \end{cases}$$

【例23】 用加减消元法求解二元一次方程组

$$\begin{cases} 3x + 2y = 5 & (1) \\ 2x - 3y = 12 & (2) \end{cases}$$

解：加减消元法是指把方程组中一个未知数通过合理算法消去，转化成另一个未知数的一元一次方程进行求解。当同一未知数的系数符号相同时，用减法消元，当同一未知数的系数符号不同时，用加法消元。题中的 x 的系数相同，可以用减法消去 x，而 y 的系数正好相反，用加法消元。试用加法消元消去 y。

式（1）×3，式（2）×2，有

$$\begin{cases} 9x + 6y = 15 & (3) \\ 4x - 6y = 24 & (4) \end{cases}$$

式（3）+式（4）：$13x=39$

解得

$$x=3$$

将 $x=3$ 代入式（1）：$3\times3+2y=5$

$$2y=-4$$

解得

所以方程组的解为
$$\begin{cases} x = 3 \\ y = -2 \end{cases}$$

【1.3.4 练习题】

试分别用代入法和消元法求解下面二元一次方程组:

(1) $\begin{cases} 4m + 5n = 7 \\ 5m - 4n = -22 \end{cases}$

(2) $\begin{cases} \dfrac{x}{2} + \dfrac{y}{3} = \dfrac{2}{3} \\ 2(x-1) = 3(y+2) \end{cases}$

1.3.5 n元一次方程组

1. 概念

方程中有 n 个未知数且未知数的最高次幂为1,称为一元 n 次方程。由 n 个 n 元一次方程所组成的方程组,称为 n 元一次方程组,也称 n 元线性方程组。

2. n 元一次方程组的解

n 元线性方程组不能采用在二元一次线性方程组中所介绍的代入法和消元法进行求解,因为那样工作量太大。一般采用线性代数理论进行求解。这里不作介绍,读者可参阅相关资料。

3. 线性方程组在电路分析中的应用

在线性电路中,不管电路多么复杂,总是由许多支路组合而成的。而各条支路在电路上会组成许多节点(三条或三条以上支路的汇合点)和网孔(其中不含支路的闭合电路)。节点和网孔都可以根据基尔霍夫电流定律和基尔霍夫电压定律写出相应的 n 元一次方程,由这些 n 个一次方程组成的 n 元一次线性方程组,便是电路的解(节点电压或支路电流)。数学在这里发挥了巨大的作用。

【例24】图1-6所示为某汽车等效电路图,图中,E_G 为硅整流发电机,R_G 为其内阻,E_B 为蓄电池,R_B 为其内阻,R_L 为汽车用电器（灯，喇叭）电阻值总和。

设 $E_G = 18V$，$R_G = 1Ω$，$E_B = 12V$，$R_B = 2Ω$，$R_L = 10Ω$。

（1）蓄电池工作在电源状态还是负载状态？$I_B = ?$
（2）欲使发电机 $I_G = 0$，则 $E_G = ?$
（3）欲使蓄电池以 5A 电流充电，则 $E_G = ?$

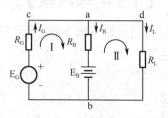

图 1-6　汽车等效电路图

解：（1）用基尔霍夫定律列方程：

对节点 a 有 $I_G = I_B + I_L$

对回路 Ⅰ 有 $I_G R_G + I_B R_B = E_G - E_B$

对回路 Ⅱ 有 $I_L R_L - I_B R_B = E_B$

将数据代入，并整理有三元一次方程组

$$\begin{cases} I_G - I_B - I_L = 0 \\ I_G + 2I_B = 6 \\ -2I_B + 10I_L = 12 \end{cases}$$

解方程，得

$$I_B = 1.5A$$

I_B 为正值，方向与图中一致，蓄电池处于充电状态。

（2）当 $I_G = 0$ 时，仅回路 Ⅱ 在工作，且 $I_B = -I_L$，

对回路 Ⅱ 有　$E_B = -I_B R_B + I_L R_C$
$$= I_L R_B + I_L R_L = I_L(R_B + R_L)$$

解得

$$I_L = \frac{E_B}{R_B + R_L} = \frac{12}{2+10} = 1A$$

则

由
$$U_{ab} = U_{ab} = I_L R_L = 1 \times 10 = 10\text{V}$$

因为
$$U_{ab} = U_{ab} = -I_G R_G + E_G$$

所以
$$I_G = 0$$

$$E_G = U_{ab} = 10\text{V}$$

(3) 将 $I_B = 5\text{A}$ 代入方程组,有

$$\begin{cases} I_G - I_L = 5 \\ I_G R_G + 2 \times 5 = E_G - 12 \\ -2 \times 5 + 10 I_L = 12 \end{cases}$$

解得
$$E_G = 29.2\text{V}$$

1.4 不等式

1.4.1 概念与基本性质

1. 不等式概念

(1) 概念:用">""<""≥""≤""≠"联系的两个代数式所组成的式子称为不等式。

(2) ">"读作大于,"<"读作小于,"≥"读作大于等于,也可读作不小于,"≤"读作小于等于,也可读作不大于。

(3) 不等式有两种:一种不含有未知数,仅表示两个数的数量关系的不等式,例如,5>3、π<4、8+4>7-3 等;另一种是含有未知数的不等式,例如,x+4>7、5<2-x、3+x≤4-x 等。

2. 不等式基本性质

(1) 对称性:$a>b$,即 $b<a$。

(2) 传递性:$a>b$,$b>c$,即 $a>c$。

(3) 可加性:不等式两边加上(减去)同一个数,不等号的方向不变,如 $a>b$ 则 $a\pm c>b\pm c$。

(4) 不等式两边同乘以(除以)同一个正数,不等号的方向

不变,如 a>b,c>0 则 ac>bc。

(5) 不等式两边同乘以(除以)同一个负数,不等号的方向要改变,如 a>b,c<0 则 ac<bc。

3. 不等式的解集

(1) 含有未知数的不等式,能使不等式成立的未知数的解称为不等式的解,不等式所有的解的集合称为这个不等式的解集。

(2) 求不等式的解集的过程称为解不等式。

(3) 不等式的解集在数轴上的表示。

在 1.1.2 节中,曾分析了数在数轴上的表示及区间概念在数轴上的图示。同样,不等式的解集在数轴上也可以非常形象地表示出来。图 1-7 表示了各种不等式解集在数轴上的图示。图中实心圆与空心圆含义与前面相同。

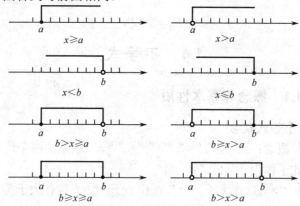

图 1-7 不等式解集在数轴上的图示

【例 25】用不等式表示:

(1) a 是负数。

(2) a 的 1/2 与 4 的和是正数。

(3) x 的 2 倍的相反数与 y 的倒数的和大于 1。

(4) 7 与 x 差的 1/3 不大于 0。

解:(1) $a<0$ (2) $\dfrac{a}{2}+4>0$

(3) $-2x + \dfrac{1}{y} > 1$ (4) $\dfrac{1}{3}(7-x) \leq 0$

【例26】 若 $a>0$，$b<0$，$c<0$，试分析 $(a-b)c$ 与 0 的关系。

解： 因为
$$a>0, \ b<0$$
所以
$$a-b>0$$
又因为
$$c<0$$
所以
$$(a-b)c<0$$

【1.4.1 练习题】

1．用不等式表示：
(1) a 的 4 倍与 5 的差是正数；
(2) a 与 b 的和是非负数；
(3) x 的 3/5 与 12 的差不小于 b。

2．用不等号填空，若 $a<b$，则
(1) $a-4$＿＿$b-4$ (2) $3a$＿＿$3b$
(3) $-\dfrac{1}{2}a$＿＿$-\dfrac{1}{2}b$ (4) ac^2＿＿bc^2（c 为有理数）

3．试在数轴上表示下列不等式的解集。
(1) $x \geq 8$ (2) $0 \leq x \leq 4$ (3) $x<-6$

1.4.2 一元一次不等式

1．概念

一元一次不等式是指只含有一个未知数，并且未知数的次数是 1，系数不等于 0 的不等式。一元一次不等式的标准形式为 $ax+b<0$ 或 $ax+b>0$（$a \neq 0$）。

2．不等式的移项

（1）不等式两边可以进行加减移项。从一边移到不等式的另一边,其符号要改变(正变负,负变正),不等式符号不变。

(2)不等式两边也可以进行上下移项,当不等式两边以分式形式存在时,一边的分子移到另一边变为分母,而分母则变为分子。但必须注意,如系数为正,则不等式符号不变,如系数为负,则同时改变不等式符号方向。

3. 一元一次不等式的解

解一元一次不等式和解一元一次方程类似,不同的是,方程的解只有一个,而不等式的解是一个解集。

【例27】解不等式

$$\frac{2x-1}{4}-\frac{x-1}{3}\leqslant\frac{4x+3}{6}-1$$

解:去分母　　$3(2x-1)-4(x-2)\leqslant 2(4x+3)-12$

去括号　　$6x-3-4x+8\leqslant 8x+6-12$

移项　　$6x-4x-8x\leqslant 6-12+3-8$

$$-6x\leqslant -11$$

两边除以-6,得　　$x\geqslant \dfrac{11}{6}$

【例28】x取任何值时,代数式$\dfrac{2x-3}{4}-\dfrac{x+4}{3}$的值不大于2。

解:由题意知

$$\frac{2x-3}{4}-\frac{x+4}{3}\leqslant 2$$

得

$$3(2x-3)-4(x+4)\leqslant 24$$
$$2x\leqslant 49$$

最后得

$$x\leqslant \frac{49}{2}$$

【1.4.2 练习题】

1. 解不等式:$3(x-2)-4(1-x)<1$。

2. 解不等式:$\dfrac{x+1}{3}-\dfrac{x-1}{2} \geqslant \dfrac{x-1}{6}$,并将解集在数轴上图示。

1.4.3 一元一次不等式组

1. 概念

几个含有相同未知数的一元一次不等式合在一起,就组成了一元一次不等式组。

2. 求不等式组的解集

(1) 先求出不等式组中每一个不等式的解集。

(2) 在数轴上标出每个解集的图示。

(3) 所有不等式解集的公共部分为该不等式组的解集。如果所有不等式的解集没有公共部分,则这个不等式组无解(公共部分必须包含不等式组中每一个不等式的解)。

【例29】解不等式组

$$\begin{cases} 5x+6 < 4x+7 & (1) \\ 3+2x > 7(x-1) & (2) \\ 2x-5 \leqslant 3x-3 & (3) \end{cases}$$

解:分别解不等式组中各个不等式,有

$$\begin{cases} x < 1 \\ x < 2 \\ x \geqslant -2 \end{cases}$$

在数轴上每个解集的图示如图1-8所示。可见其公共部分为
$$-2 \leqslant x < 1$$
则不等式组解集为$-2 \leqslant x < 1$。

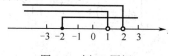

图1-8 例29图解

【例30】解不等式组,并在数轴上图示其解集。

$$\begin{cases} x(x^2-1) \leq (x-1)(x^2+x+1) & (1) \\ 3-x > 2(x-6) & (2) \end{cases}$$

解：（1）解不等式（1），有

$$x^3 - x \leq x^3 - 1$$
$$-x \leq -1$$
$$x \geq 1$$

（2）解不等式（2），有

$$3 - x > 2x - 12$$
$$-3x > -15$$
$$x < 5$$

（3）由图 1-9 所示数轴可知，不等式组的解集为

$$1 \leq x < 5$$

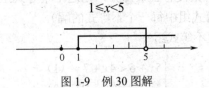

图 1-9　例 30 图解

【1.4.3 练习题】

1. 解不等式组

$$\begin{cases} 5x + 6 \geq 4x \\ 15 - 9x > 10 - 4x \end{cases}$$

2. 解不等式组，并在数轴上图示其解集。

$$\begin{cases} 4x - 3 \leq x + 1 \\ 5x + 10 < 3 - 2x \\ 2(x+2) > \dfrac{5x+6}{3} + 1 \end{cases}$$

第2章 函数及其图像

学习指导：函数及其图像在电工电子和工控技术中应用很广泛，特别是线性函数，要重点掌握。

2.1 平面笛卡儿坐标系

2.1.1 平面笛卡儿坐标系简介

1. 平面上点的位置确定

数轴上的每一个点都表示一个实数，而每一个实数都可以在数轴上找到其对应的点，这就是数轴上的点和数的一一对应关系。数轴上的数都是相对于原点距离来确定的，原点可以称为起点或参考点，这就是数轴上点的位置确定方法。如果一个点在平面上，那么它的位置是如何确定的呢？有两种主要方法可以确定平面上点的位置。

（1）直角坐标法：如图 2-1（a）所示，在平面上作两条互相垂直的线（坐标轴），点 P 是平行于两个坐标轴的直线的交点，交点坐标值 (x,y) 就是点 P 的位置。

（2）极坐标法：如图2-1（b）所示，在平面上作一条射线 OX，连接 OP，则 OP 的距离和其与射线之间的夹角 (r,θ) 就是点 P 的位置。

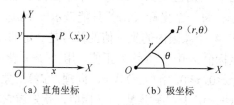

(a) 直角坐标　　　(b) 极坐标

图 2-1　两种坐标

上面两种方法说明，平面上的点，其位置必须用两个数才能确定。本章仅讨论直角坐标法，极坐标法会在第 3 章中介绍。

2. 平面笛卡儿坐标系

（1）定义：在平面内，两条互相垂直且有公共原点的数轴组成平面笛卡儿坐标系。水平的数轴称为 X 轴或横轴，垂直的轴称为 Y 轴或纵轴。两条轴的交点 O 称为坐标原点，如图 2-2 所示。

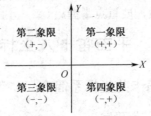

图 2-2　平面笛卡尔坐标系

（2）象限：平面笛卡儿坐标系把整个平面分成 4 个部分，分别称为第一象限、第二象限、第三象限和第四象限，平面上所有的点均落在这四个象限的一个象限内，如图 2-2 所示。

2.1.2　平面上点的坐标表示

1. 平面内点的坐标表示

（1）对平面内任意一点 P，过 P 点分别向 X 轴和 Y 轴作垂线，垂足在 X 轴及 Y 轴上的对应的数 x、y 分别称为点 P 的横坐标、纵坐标。有序数对（x,y）称为 P 点坐标，如图 2-1（a）所示。

（2）平面内的点都可以用其坐标（x,y）来表示，并且点和坐标（x,y）存在一一对应关系，即每一个平面内的点只能有一个坐标（x,y）表示，每一个坐标（x,y）只能表示一个点。

（3）点在 4 个象限内的坐标值的符号是一定的。例如，在第一象限内，坐标值 $x>0$，$y>0$ 均为正值，用（+,+）表示。在第三象限内，坐标值 $x<0$，$y<0$。用（-,-）表示。同理，在第二象限为（-,+），第四象限为（+,-）。只要知道点的坐标值，就知道它在第几象限，如图 2-2 所示。

（4）特殊点的坐标。

笛卡儿坐标系中有几个特殊点的坐标，如图 2-3 所示。这些特

殊点为:
- 原点坐标 (0,0)，如图 2-3 的 O 点。
- X 轴上点坐标 $(x,0)$，如图 2-3 的 A 点。
- Y 轴上点坐标 $(0,y)$，如图 2-3 的 B 点。
- 平行于 X 轴的直线上点坐标 (x,a)，如图 2-3 的点 C。
- 平行于 Y 轴的直线上点坐标 (b,y)，如图 2-3 的点 D。

特殊点的坐标要求能记住。

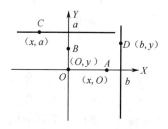

图 2-3 特殊点坐标

2．对称点坐标及点的距离

（1）对称点坐标指与点关于轴对称和原点对称的坐标，设平面上点的坐标为 (x,y)，则其关于 X 轴的对称点的坐标为 $(x,-y)$；关于 Y 轴的对称点的坐标为 $(-x,y)$，关于原点的对称点坐标为 $(-x,-y)$，如图 2-4 所示。

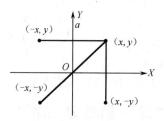

图 2-4 对称点坐标

（2）点到直线，点到点的距离公式。

设平面上点的坐标为 (x,y)，则点到 X 轴的距离为 $|y|$，点到 Y 轴的距离为 $|x|$，点到原点 O 的距离公式为 $\sqrt{x^2+y^2}$。

平面上有两个点 $A(x_1, y_1)$ 和 $B(x_2, y_2)$，则两点的距离为
$$\sqrt{(x_1-x_2)^2+(y_1-y_2)^2}$$

【例1】若点 $P(a, 5-a)$ 是第二象限的点，求 a 值的取值范围。

解：第二象限点为 $(-,+)$，则
$$\begin{cases} a<0 \\ 5-a>0 \end{cases} \to \begin{cases} a<0 \\ a<5 \end{cases}$$

所以
$$a<0$$

【例2】坐标平面内点 $P(-3, 6)$，试写出对称点坐标，并指出它们在第几象限。

解：X 轴对称点坐标 $(-3, -6)$　　第三象限

　　　Y 轴对称点坐标 $(3, 6)$　　　第一象限

　　　原点对称点坐标 $(3, -6)$　　　第四象限

【例3】试求点 $P(4, -6)$ 到坐标轴及原点距离。

解：　到 X 轴距离为 $|-6|=6$

　　　到 Y 轴距离为 $|4|=4$

　　　到原点距离为 $\sqrt{4^2+6^2}=\sqrt{52}$

【2.1.2 练习题】

1．指出下列各点在哪一个象限内。

$A(4,-6)$　　$B(-3,-8)$　　$C(-10, \sqrt{2})$

2．如果点 $A(2, y_1)$ 和点 $B(x, -3)$ 为关于 X 轴的对称点，求 A 点和 B 点的坐标。

3．点 $(2, -3)$ 和点 $(10, -7)$ 的距离是多少？

2.2　函数及其图像

2.2.1　函数及其表示方式

1．函数定义

（1）常量和变量：在某一个过程中，可以取不同数值的量称为变量，在过程中，保持同一数值的量或数称为常量或常数。一

般情况下变量用字母表示,常量用数值或指定的字母表示。

(2) 函数定义:设在某一变化过程中有两个变量 x 与 y,如果对于 x 的每一个值,y 都有唯一的值与它对应,那么就称 x 为自变量,y 为因变量,y 是 x 的函数,记作 $y=F(x)$。

(3) y 与 x 的值是一一对应的,即每一个 x 只能有一个 y 值与它对应。如果一个自变量的值对应多个因变量的值,就不能称为函数关系,例如,$y^2=x$,当 $x=1$ 时,y 有+1 和-1 与之对应,y 不是 x 的函数。但 $y=x^2$ 是函数,因为不论 x 是+1,还是-1,都只有一个 $y=1$ 与之对应。

(4) 代数式、方程与函数。

代数式是指用基本运算符号把数或字母连接在一起的式子,如 $5x+8$。

在两个代数式之间加上等号或不等号,就变成了方程或不等式,如 $5x+8=0$ 或 $5x+8>0$。可以说,当代数式等于或不等于 0 时,就分别成为方程和不等式。

把代数式中的字母当作自变量,用 x 表示,与其相对应变化的另一个变量 y,则形成函数 $y=5x+8$。可见,方程是函数中 $y=0$ 的一个特殊例子。

把代数式、方程和函数放在一起比较就是想告诉读者,代数式及其运算是数学的最基础的知识,是一定要掌握的知识。

2. 函数的表示方式

函数的表示有三种方式。

(1) 解析式:函数关系可以用一个数学等式来表示,例如 $y=5x+8$、$y=\sin x$ 等。解析式的优点是能确定地描述自变量与因变量的关系,可以进行各种代数运算,可以进行任意点函数值计算。缺点是几何意义不直观,不能直接看出变化趋势。而且,在实际中所形成的函数关系多数根本不能用解析式表示。解析式又称函数表达式。

(2) 列表法:用表格的形式表示两个变量间的函数关系。列表法常用在无法用解析法描述而只能通过实验来记录变量关系的场合。例如,表示热电偶的热电势与温度之间的一一对应关系的表格，简称分度表。列表法补充了解析法的不足，不需计算直接查表即可。它的缺点是列表法的描述是有限的（仅为实验点），在实验点之外的自变量值的变化只能进行近似处理。如果用数字设备进行函数处理，则表格会占用大量内存。

（3）图像法：在笛卡儿坐标系上用图形表示两个变量之间的关系称为图像法。一般自变量为 X 轴，因变量为 Y 轴。图像法可以表示任意的函数关系，特别是不能用解析法表示的函数关系。图像法的特点是简单、直观、一目了然。图像法的缺点是不易获取，当用解析法、列表法数据形成图像时，其仅为近似关系。虽然如此，在用解析法分析函数关系时，还是要常常借用其图像来做补充研究。

在以上三种函数的表达方式中，最常用的还是解析法。

3. 工控技术中函数表示

在工控技术（包括电子电路）中，上述三种函数的表达方式均有出现。

解析法用得比较多，电子电路中许多电路物理量之间的关系都是函数关系式（一元或多元函数）。例如，全电路欧姆定律，其电动势 E，内电阻 r，外电阻 R 及电路电流 I 之间关系式为

$$I = \frac{E}{R+r}$$

如果 I 为因变量，E, R, r 为自变量，则 $I=f(E,R,r)$ 是一个三元函数。如果电动势 E 和内电阻 r 不变，则 I 是外电阻 R 的函数，$I=f(R)$ 等。

而列表法则常用在一些函数关系不能用解析式或图像法表示的场合。例如，某些传感器的物理量与转换后的电量之间没有一定的函数表达式，只能通过实验把它们之间的关系一一记录下来，形成表格函数。应用时，必须把表格存储在规定的存储区中，然后根据输出电量的大小去查表找到相应的物理量大小。这种方法，如果对精度要求很高，表格需做得非常细，而落在非表格点之间的数只能用近似方法处理得到。

图像法在工控技术中常用在定性说明各种特殊关系表示中，例如，许多电子元件的特性说明都是通过实验表格。首先画出它们之间函数关系的图像，然后根据这些图像来进行定性分析。在

一些工控模块的输入/输出关系特性上,也常常画出它们的图像,而不给出函数分析式。

【例 4】判断图 2-5 中的图像,哪些是函数关系,哪些不是函数关系。

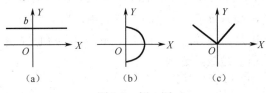

图 2-5　例 4 图

解:(a)是函数关系,$y=b$。

(b)不是函数关系,x 与 y 不一一对应,一个 x 出现两个 y 值。

(c)是函数关系,x 与 y 一一对应。

2.2.2　函数的性质与反函数

1．函数的定义域与值域

(1)函数中自变量的取值要使解析式有意义,这个使解析式有意义的取值范围称为函数自变量的定义域。在自变量取值范围里得到的因变量的变化范围称为函数的值域。一般情况下是先求出函数的定义域,再根据定义域求函数的值域。

(2)函数的定义域的确定是排除下面使解析式无意义的取值,主要有以下几个方面。

- 表达式为分式时,分母不为 0;
- 表达式是二次根式时,被开方数要大于等于 0;
- 表达式是对数时,底数 $a>0$,且 $a\neq 1$,真数 $N>0$。

当解析式中含有分式、根式、对数等复合函数时,求定义域实质上是解不等式和不等式组的过程。

(3)对于实际问题中的函数关系,其自变量的定义域除了要使解析式有意义外,还要使实际问题有意义。

2．函数的性质

(1)奇偶性:对于定义域内任意一个 x,都有 $f(-x)=f(x)$,则 $f(x)$

为偶函数;若都有 $f(-x)=-f(x)$,则 $f(x)$ 为奇函数。

(2) 单调性:对于定义域内某个区间上的任意 x_1 和 x_2,当 $x_1 < x_2$ 时,都有 $f(x_1) < f(x_2)$,称 $f(x)$ 在这个区间上为单调增函数;当 $x_1 < x_2$ 时,都有 $f(x_1) > f(x_2)$,则称 $f(x)$ 在这个区间上为单调减函数。

如图 2-6(a)所示,在区间 (a,b) 中,当 x 增加时,y 值也随之增加,所以是增函数。而在图 2-6(b)中,y 值是随着 x 值的增加而减小,所以是减函数。

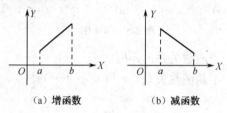

(a) 增函数　　　　(b) 减函数

图 2-6　函数的单调性

(3) 周期性:对于定义域内的函数 $f(x)$,如果有 $f(x+T)=f(x)$,则称 $f(x)$ 为周期函数,使 $f(x+T)=f(x)$ 成立的最小正数 T 称为 $y=f(x)$ 的周期。

图 2-7 所示为矩形脉冲波的周期函数,其周期为 T。如果横坐标为时间 t(单位:s),则该矩形脉冲波的周期为 Ts,其含义为每经过 Ts,矩形脉冲波重新出现一次,如此周而复始。把 1s 里波形出现的次数称为频率 f,则有

$$f = \frac{1}{T}$$

周期和频率是工控技术中经常用到两个基本概念,工控技术用得最多的是周期性正弦波和周期性脉冲波。

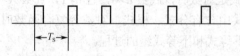

图 2-7　矩形脉冲波的周期函数

3. 反函数

(1) 由函数 $y=f(x)$ 经过代数式来运算得到 $x=f(y)$(即把 y 看

成自变量,x 看成因变量),则称函数 $x=f(y)$ 是函数 $y=f(x)$ 的反函数。为保持自变量是 x、因变量是 y 的函数表达式的一致性,把 $y=f(x)$ 称为原函数,把 $y=f(x)$ 的反函数记为 $y=f^{-1}(x)$。

(2)原函数的定义域是其反函数的值域,而原函数的值域则是反函数的定义域。

(3)函数与反函数在工控技术模拟量控制中常常用到。例如,当 A/D 模块把外部物理量变成数字量送入 PLC 后,常常需要在触摸屏上仍然显示物理量值。这就需要求出原来物理量—数字量关系的反函数。通过反函数的运算求出相应的物理量,再送到触摸屏上显示。

【例5】求下列函数的定义域。

(1) $y=3x+8$

(2) $y=\dfrac{\sqrt{x-1}}{1-\sqrt{x+1}}$

解:(1)函数表达式为整式,定义域为全体实数。

(2)自变量取值为二次根式的被开方数大于等于0,分母不等于0,有不等式组:

$$\begin{cases} x-1 \geq 0 \\ x+1 \geq 0 \\ 1-\sqrt{x+1} \neq 0 \end{cases}$$

解不等式组得 $x \geq 1$。

【例6】求 $y=2x+7$ 的反函数。

解:$y=2x+7$

$2x=y-7$

得

$$x=\dfrac{y-7}{2}=\dfrac{1}{2}y-\dfrac{7}{2}$$

则反函数为 $f^{-1}(x)=\dfrac{1}{2}x-\dfrac{7}{2}$

【2.2.2 练习题】

1. 求下列函数的定义域。

(1) $y = \dfrac{\sqrt{x+3}}{\sqrt{x}}$ (2) $y = \dfrac{x}{\sqrt{x+1}-1}$

2．求下列函数的反函数。

(1) $y=5x$ (2) $y=-3x-1$

2.2.3 函数的图像

1. 函数的图像定义

(1) 把一个函数的自变量 x 与对应的因变量 y 的值作为点的横坐标和纵坐标，在笛卡儿坐标系内描出它们的对应点，所有这些点所组成的图像称为函数的图像。

(2) 函数图像上的任意点 $P(x,y)$ 中的 x,y 满足其函数关系式 $y=f(x)$。而满足函数关系式 $y=f(x)$ 的任一对 (x,y) 所对应的点，一定在函数的图像上。

上面描述也可作为判断点 $P(x,y)$ 是否在函数图像上的方法：将 x,y 分别代入函数表达式，若等式成立，点在函数图像上；若等式不成立，点不在函数图像上。

2. 函数的图像画法

(1) 列表：列表给出自变量与因变量的对应值。x 为第一行，y 为第二行，其值由小到大。列表时最好能将一些特征点列入。例如 $x=0$、$y=0$、最大、最小等。

(2) 描点：在平面笛卡儿坐标系内，描出表中相应的点，点越多，图像越准确。

(3) 连线：按照自变量从小到大的顺序，把所有的点用平滑的曲线连接起来，就是函数的图像。

2.3 一次函数

2.3.1 正比例函数简介

1. 定义

(1) 把函数 $y=kx$（k 是常数，$k \neq 0$）称为 y 是 x 的正比例函数。

(2) 正比例函数 $y=kx$ 中，k 称为比例系数，即

$$k = \frac{y}{x}$$

这里 k 是常数,并不随 x 变化而变化。它表示 y 是按比例随 x 而变化的。

(3) 当 $x=0$,$y=0$ 时,正比例函数是图像过原点 (0,0) 的函数。

2. 图像与性质

(1) 由描点法可以得到 $y=kx$ 的图像是一条过原点的直线。直线的倾斜程度(用直线与 X 轴的夹角 θ 的大小表示)与比例系数 k 有关,k 越大,直线的倾斜程度越大(θ 越大),如图 2-8 所示。

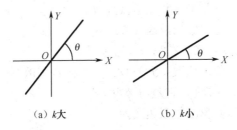

(a) k 大   (b) k 小

图 2-8 k 与倾斜度关系

(2) 用 θ 角的正切 $\tan\theta$ 表示倾斜程度,则由图及三角函数关系可知 $k=\tan\theta$,因此通常称 k 为正比例函数的斜率。

(3) 直线倾斜的方向与 k 值的正负有关,如图 2-9 所示。

当 $k>0$ 时,直线在一、三象限,且 $0°\leq\theta<90°$,函数 $y=kx$ 为增函数,y 随 x 的增加而增加。

当 $k<0$ 时,直线在二、四象限,且 $90°<\theta\leq180°$,函数为减函数,y 随 x 的增加而减小。

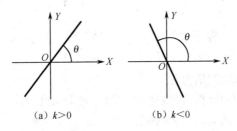

(a) $k>0$ (b) $k<0$

图 2-9 k 与倾斜方向关系

3. 反函数

正比例函数的反函数也容易由 $y=kx$ 推出，为

$$y = \frac{1}{k}x$$

必须注意，正比例函数的反函数仍然是正比例函数，仅仅是比例系数不同。不要认为正比例函数的反函数是反比例函数。

【例7】 正比例函数 $y=5x$，试说明

（1）它在第几象限。

（2）它经过点 P (3,18) 吗？

（3）它是增函数还是减函数。

（4）写出它的反函数表达式。

解：（1）$k=5>0$，在第一、三象限。

（2）将点代入：$5×3≠18$，所以函数图像不经过 P 点。

（3）$k=5>0$，它是增函数。

（4）其反函数表达式为

$$y = \frac{1}{5}x$$

【2.3.1 练习题】

有一正比例函数经过点 P (-1,4)，求：

（1）它经过哪个象限？　　（2）是增函数还是减函数？

（3）写出它的反函数表达式。

2.3.2　一次函数简介

1. 定义

（1）若两个变量之间的关系式可以表达成 $y=kx+b$（$k≠0$，k,b 为常数）的形式，则称 y 是 x 的一次函数。

（2）一次函数的讨论

当 $k≠0$，$b=0$ 时，函数变为 $y=kx$，为正比例函数，所以，正比例函数是一次函数的一个特例。

当 $k=0$，$y=b$ 时是一条平行于 X 轴的直线，不是一次函数。同

样,当 $k=0$,$b=0$ 时,为 X 轴,也不是一次函数。

2．图像与性质

(1)用描点法可以得到：$y=kx+b$($k\neq 0$,$b\neq 0$)是一条直线。

(2)根据 k,b 的值大于 0 或小于 0 可以得到如图 2-10 所示的四种直线的图像。

由图中可以看出,b 是直线与 Y 轴的交点纵坐标,是直线在 Y 轴上的截点,称 b 为截距。

同样,直线也有倾斜程度和倾斜方向。其倾斜程度(用直线与 X 轴的夹角 θ 的大小表示)与 k 的大小有关,k 越大,直线倾斜越大。其倾斜方向与 k 的正负有关,$k>0$ 则 $0<\theta<90°$;$k<0$ 则 $90°<\theta<180°$。k 也称一次直线的斜率。

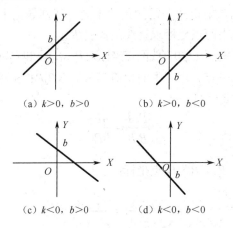

(a) $k>0$,$b>0$　　(b) $k>0$,$b<0$

(c) $k<0$,$b>0$　　(d) $k<0$,$b<0$

图 2-10　一次函数图像

(3)由图 2-10 可以看出：

$k>0$ 时,函数为增函数,经过一、二、三或一、三、四象限。

$k<0$ 时,函数为减函数,经过一、二、四或二、三、四象限。

(4)一次函数 $y=kx+b$ 图像上的任意一点坐标都必须满足函数表达式,即其坐标 (x,y) 代入表达式中,等式成立,而无法使等式成立的点均不在图像上。

(5)一次函数的图像是一条直线,由几何知识可知：两点间作一条直线。因此,作一次函数图像,只要找出两个符合函数表达的点即可，把两点连成一条直线就是一次函数的图像。其中，最容易确定的两点是与X轴，Y轴的交点，其坐标分别为 $\left(-\dfrac{b}{k},0\right)$ 和 $(0,b)$。

3．反函数

一次函数 $y=kx+b$ 的反函数经过推导为

$$y=\frac{1}{k}x-\frac{b}{k}$$

仍为一次函数。

4．两点坐标求函数解析式

在工控技术应用中，常常需要知道根据直线图像上某些条件要求推导出函数解析式。已知条件不同，其推导也不同。最常用的是已知直线上两点坐标求直线函数表达式。

如图 2-11 所示，已知直线两点坐标为 $P_1(x_1,y_1)$ 和 $P_2(x_2,y_2)$。$P(x,y)$ 为直线上任意一点。由图中的相似三角形 $\triangle P_2PA$ 和 $\triangle P_2P_1B$ 可写出其对应边成比例关系式。

$$\frac{P_2A}{P_2B}=\frac{AP}{BP_1}$$

分别代入 P、P_1 和 P_2 点坐标：

$$\frac{y_2-y}{y_2-y_1}=\frac{x_2-x}{x_2-x_1}$$

整理有

$$\frac{y-y_2}{x-x_2}=\frac{y_2-y_1}{x_2-x_1}$$

得到

$$y=\frac{y_2-y_1}{x_2-x_1}\cdot(x-x_2)+y_2$$

这就是二点式直线函数表达式。只要知道直线上一点的 x 坐标，就可根据公式求出该点的 y 坐标。

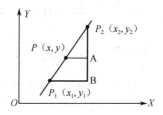

图2-11 两点式直线方程

【例8】一次函数$y=-3x+8$，求：

（1）它与Y轴和X轴的交点坐标。

（2）它经过哪几个象限，是增函数还是减函数？

（3）点$P(4,4)$是否在直线上。

解：（1）它与Y轴交点坐标是$(0,8)$

它与X轴交点坐标为求方程$-3x+8=0$的解，解为$x=\dfrac{8}{3}$，则它与X轴交点坐标为$\left(\dfrac{8}{3},0\right)$。

（2）$k=-3<0$，$b=8>0$，由图2-10（c）可知，它经过第一、二、四象限，是减函数。

（3）将$P(4,4)$坐标代入函数表达式，有
$$4=-3\times4+8$$
等式成立，点$P(4,4)$在直线上。

【例9】一次函数$y=kx+b$经过点$(-3,-2)$和点$(1,6)$，求该函数表达式，并求其反函数。

解：（1）采用待定系数法。

点$(-3,-2)$和点$(1,6)$均满足函数表达式，将其代入$y=kx+b$，有二元一次方程组：
$$\begin{cases} -2=k\times(-3)+b \\ 6=k\times 1+b \end{cases}$$

求出该方程组的解：$k=2$，$b=4$，所以所求函数表达式为$y=2x+4$。

（2）代入公式法。

直接将点的坐标代入公式，有

$$y = \frac{6-(-2)}{1-(-3)}(x-1) + 6$$

$$= \frac{8}{4}(x-1) + 6 = 2x + 4$$

两种做法，答案一致，但代入公式法要简便很多。

（3）反函数为

$$y = \frac{1}{k}x - \frac{b}{k} = \frac{1}{2}x - 2$$

【2.3.2 练习题】

1．如果函数 $y=x-b$ 经过点 $P(0,1)$，那么它与 X 轴的交点坐标是多少？

2．已知一次函数 $y=(6+3m)x+2$，试求：

（1）m 为何值时，函数图像经过一、二、四象限。

（2）m 为何值时，函数为增函数。

（3）m 为何值时，函数图像与 X 轴交点坐标为（2,0）。

3．一次函数 $y=kx+b$ 经过点 $P(-1,8)$ 和点 $Q(2,-1)$，试求其函数表达式和反函数。

2.3.3 一次函数在工控技术中的应用

1．标定及标定变换

标定是指两种变量之间的一一对应关系。在模拟量控制中，传感器的物理量与所输出的电压（电流）之间的一一对应关系就是一种标定。在 PLC 的模拟量输入模块（A/D）中，输入的电压（电流）和输出的数字量之间的一一对应关系也是一种标定。标定有时候也称输入/输出特性曲线。目前，这些标定都被处理成正比例函数或一次函数关系。图 2-12（a）所示为某压力表的压力与其变送后输出电流之间的关系标定；图 2-12（b）所示为 PLC 模拟量输入模块（A/D）的模拟量电流输入与输出的数字量之间的关系标定。

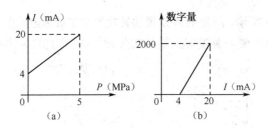

图 2-12 标定

【例 10】在 PLC 的 PID 控制中，需要把设定值以数字量的形式送入指定的存储单元。图 2-13 所示为某一温度控制器的标定与使用 A/D 模块的模/数转换标定。希望温度设定值为 250℃，问设定的数字量是多少？

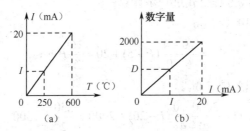

图 2-13 例 10 图

解：由图 2-13 可知，两个标定均为正比例函数。

由图 2-13（a）可得

$$I = k_1 \cdot 250 = \frac{20}{600} \times 250$$

由图 2-13（b）可得

$$D = k_2 \cdot I = \frac{2000}{20} \times I$$

代入得

$$D = k_2 \cdot k_1 \cdot 250 = \frac{2000}{20} \times \frac{20}{600} \times 250 = 833$$

所以设定值为 833

【例 11】模拟量控制中，压力传感器的压力与其输出电流标定如

图 2-14（a）所示，所使用 A/D 模块转换为数字量标定如图 2-14（b）所示。如果需要在触摸屏上显示实际输入的压力值，应如何实现？

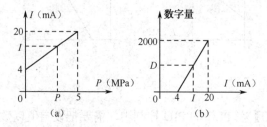

图 2-14　例 11 图

解：先求出输入压力值 P 与数字量输出的关系，然后根据两点坐标系直线方程公式进一步计算。

由图 2-14（a）得

$$I = \frac{20-4}{5-0}(P-5) + 20 = \frac{16}{5}P + 4$$

由图 2-14（b）得

$$D = \frac{2000-0}{20-4}(I-20) + 2000 = \frac{250}{2}I - 500$$

将 I 代入，有

$$D = \frac{250}{2}\left(\frac{16}{5}P + 4\right) - 500 = 400P$$

需显示 P 值，则求上式反函数即可，其反函数为

$$P = \frac{D}{400}$$

实际应用时，在 PLC 程序中设计上述浮点数运算程序，将其结果送到触摸屏显示即可。

2. 非线性的线性化处理

图 2-15 所示为某传感器的 x-y 特性，其中 x 为被测参数，y 为输出电量，可以看出它是一个非线性函数关系。将图中输入 x 分成 n 个均匀的区间，则每个区间的端点 x_k 都对应一个输出 y_k。把这些 (x_k, y_k) 编制成表格存储起来。实际的检测量 x_i 一定会落在某个区间 (x_k, x_{k+1})

内，即 $x_k < x_i < x_{k+1}$。插值法的含义是用一段简单的曲线近似代替这段区间里的实际曲线，然后通过近似曲线公式计算出输出 y_i。使用不同的近似曲线会形成不同的插值方法，其中最常用的为线性插值。

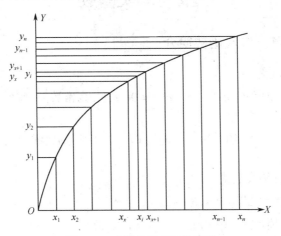

图 2-15　非线性的线性化处理

线性插值又称折线法，用通过 (x_k, y_k)，(x_{k+1}, y_{k+1}) 两点的直线近似代替原特性。由图 2-16 可以看出，通过点 M_1, M_2 的直线的斜率是

$$k = \frac{\Delta y}{\Delta x} = \frac{y_{k+1} - y_k}{x_{k+1} - x_k}$$

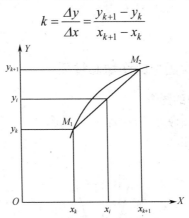

图 2-16　线性插值处理

y_i 的计算表达式为

$$y_i = y_k + (x_i - x_k)k = y_k + \frac{(y_{k+1} - y_k)(x_i - x_k)}{(x_{k+1} - x_k)}$$

2.4 二次函数

2.4.1 二次函数简介

1. 定义

（1）如果 $y = ax^2 + bx + c(a \neq 0,\ a,b,c$ 为常数$)$，则称 y 为 x 的二次函数。

（2）二次项的系数 a 不能为 0，如为 0，则变成一次函数。但 b、c 均可为 0。

2. 三种表达式

（1）一般式：$y = ax^2 + bx + c(a \neq 0)$

（2）顶点式：$y = a(x-h)^2 + k(a \neq 0)$

（3）交点式：$y = a(x-x_1) \cdot (x-x_2)$

3. 几个特例

（1）$b=c=0$，$y = ax^2$

（2）$b=0$，$y = ax^2 + c$

（3）$c=0$，$y = ax^2 + bx$

2.4.2 二次函数的图像和性质

1. 二次函数的图像

二次函数的图像是一条抛物线，如图 2-17 所示。对二次函数的图像有如下描述。

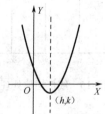

图 2-17　二次函数图像

（1）开口：指抛物线张开的部分。开口是有方向的，可以向上，也可以向下。

（2）顶点：抛物线上 y 值出现最小值的点，如图 2-17 所示。但若开口向下，则为 y 值出现最大值的点。其坐标点为 (h,k)。

（3）对称轴：抛物线图形是左右对称的。其对称轴是一条平行于 Y 轴的直线，如图 2-17 中的虚线。其方程为 $x=h$。

（4）截距：抛物线与 Y 轴的交点，此时，$x=0$，$y=C$，交点坐标为 $(0,C)$。

（5）与 X 轴交点：抛物线与 X 轴的交点，图 2-17 中抛物线与 X 轴有两个交点，此时 $y=0$，所以其交点是方程 $ax^2+bx+c=0$ 的两个根。实际上，抛物线与 X 轴可以为无交点、一个交点和二个交点三种情况。

（6）定义域与值域：x 的取值为所有实数，而 y 的值域与开口方向由关，开口向上，值域为 $[k,\infty)$；开口向下，值域为 $(-\infty,k]$。

（7）单调性：由图 2-17 可以看出，开口向上，当 $x<k$ 时，函数为减函数；当 $x>k$ 时，函数为增函数。而开口向下时，正好相反。

2．二次函数的性质

二次函数的性质就是指给出一个函数表达式，可以根据其系数和常数 a,b,c 来定性地描述出函数图像的基本概况。

（1）开口：开口的方向与二次项系数的 a 有关。如果 $a>0$，则开口向上；$a<0$，开口向下。

（2）极值与顶点坐标：当抛物线开口向上时，函数有极小值，当开口向下时，函数有极大值。其顶点坐标为 $\left(-\dfrac{b}{2a},\dfrac{4ac-b^2}{4a}\right)$。

（3）对称轴：二次函数是轴对称图形，其对称轴为 $x=-\dfrac{b}{2a}$。

（4）截距：二次函数为 $x=0$ 时的 y 值，代入函数式可得 $y=C$，即二次函数与 Y 轴的交点坐标是 $(0,C)$。

（5）与 X 轴的交点：二次函数与 X 轴的交点为一元二次方程 $ax^2+bx+c=0$ 的根。根据二次方程根的性质可知，如设 $\Delta=b^2-4ac$，则

$\Delta>0$，有两个不相等的实数根，函数与 X 轴有两个交点。

$\Delta=0$，有两个相等的实数根，函数与 X 轴有一个交点，该交点就是抛物线的顶点。

$\Delta<0$，没有实数根，函数与 X 轴不相交。这时，开口向上，顶点在一、二象限；开口向下，顶点在三、四象限。

把上面的分析综合一下，就可得到如图 2-18 所示的图像。

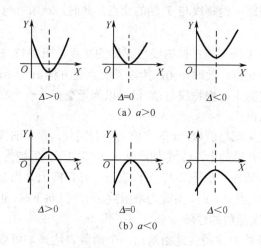

图 2-18 二次函数图像

二次函数在物理学、工程技术及日常生活中应用非常广泛。例如，运动学中路程与时间之间的关系：$S = V_0 t + \dfrac{1}{2}at^2$，就是一个二次函数。在日常生活中很多求最大值和最小值的问题，最后都涉及二次函数的顶点坐标问题。但在电工、电子学及工控技术中，目前应用还不是很多，因此，不做过多介绍。

【例 12】 二次函数 $y=-3x^2+bx-5$。求其图像的开口方向、极值、对称轴方程、与 X 轴的交点及为图 2-18 中哪个图像。

解：（1）$a=-3<0$，开口方向向下。

（2）$a=-3$，$b=6$，$c=-5$，有

$$\begin{cases} -\dfrac{b}{2a} = -\dfrac{b}{2\times(-3)} = 1 \\ \dfrac{4ac-b^2}{4a} = \dfrac{4\times(-3)\times(-5)-6\times 6}{4\times(-3)} = -2 \end{cases}$$

所以，函数当 $x=1$ 时，有极大值 $y=-2$。

（3）对称轴方程为 $x=1$。

（4）$\Delta = b x^2 - 4ac = 36 - 60 = -24 < 0$，与 X 轴没有交点。

（5）为图 2-18（b）中 $\Delta<0$ 的图像。

【例13】二次函数 $y=ax^2+bx+c$ 的图像如图 2-19 所示，试根据图像分析其系数和 Δ 的符号。

图 2-19　例 13 图

解：由图像分析

（1）其开口向下：$a<0$

（2）其对称轴位于 Y 轴右边，即 $x>0$

$$x = -\dfrac{b}{2a}$$

因为

$$a<0$$

所以

$$b>0$$

（3）函数的截距在 X 轴的下方，$y<0$，所以

$$c<0$$

（4）图像与 X 轴有两个交点，所以

$$\Delta>0$$

【2.4.2 练习题】

1. 二次函数 $y = 2x^2 - 4x + 1$，求：

（1）开口方向。（2）对称轴方程。（3）顶点坐标，说明极值性质。（4）与 Y 轴交点坐标。（5）与 X 轴交点坐标。（6）在什么区间里是增函数，在什么区间里是减函数。（7）点 P（2,1）在抛物线上吗？（8）它的图像为图 2-18 中的哪一个？

2. 已知二次函数的图像与 X 轴交点为（2,0）与（-1,0），与 Y 轴交点为（0,-1）。求其解析式及顶点坐标。

2.5　常用函数

初等函数除了上面所介绍的一次函数、二次函数外，还有三角函数、反比例函数、指数函数、对数函数等。三角函数将在第 3 章结合正弦交流电路的计算进行介绍。这一章将其余的初等函数作一简要介绍。

2.5.1　反比例函数

1. 定义

如果 $y = \dfrac{k}{x}(k \neq 0)$，那么，$y$ 称为 x 的反比例函数。

2. 图像

反比例函数的图像是双曲线，如图 2-20 所示。从图 2-20 可以看出，反比例函数的图像是以原点为对称中心的双曲线。同时，反比例函数又是轴对称图形，$k<0$ 时它的对称轴是一、三象限的角平分线（$y=x$），$k>0$ 时为二、四象限的角平分线（$y=-x$）。

3. 性质

（1）定义域与值域：x 的取值范围为不等于 0 的任意变数，y 的值域也是任意非 0 的实数。

（2）单调性：当 $k>0$ 时，图像位于第一、三象限，y 随 x 的增加而减少；当 $k<0$ 时，图像位于第二、四象限，y 随 x 的增加而增加。

（3）相交性：因为其取值为 $x \neq 0$，$y \neq 0$，所以反比例函数的图

像不可能与 X 轴相交,也不可能与 Y 轴相交,只能无限地接近于 X 轴、Y 轴。

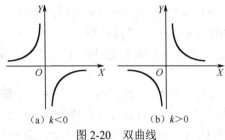

图 2-20 双曲线

2.5.2 指数函数

1．定义

如果 $y = a^x$（$a>0$ 且 $a \neq 1$），则 y 为 x 的指数函数,且称 a 为底数,x 为指数。

指数函数的自变量 x 的定义域为全体实数,其因变量 y 的值域为大于 0 的实数。

指数函数定义比较严格,仅限于 a^x,诸如 $y = x^n$，$y = -4^x$，$y = 5 \cdot \left(\dfrac{1}{2}\right)^x$，$y = 4^{x+1}$ 等都不算是指数函数。

2．图像及其性质

1）图像

指数函数的图像如图 2-21 所示。由图中可知,其图像与 a 的大小有关。当 $0<a<1$ 时,如图 2-21（a）所示；而当 $a>1$ 时,如图 2-21（b）所示。

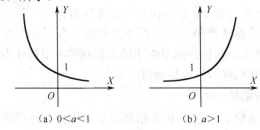

图 2-21 指数函数的图像

2）性质

（1）当 $x=0$ 时，不管 a 为何值，$y=1$ 时图像都经过点（0,1）。

（2）当 $a>1$ 时，y 随着 x 的增加而增加，是增函数；当 $0<a<1$ 时，y 随着 x 的增加而减少，是减函数。

（3）函数总是在某一方向上无限接近于 X 轴，但永远不与 X 轴相交。

指数函数在自然科学及工程技术、日常生活中都非常有用。

【例 14】 某工程技术员目前每月工资为 3000 元。老板说，你只要在这里干下去，在今后 10 年内，每年给你加 10%工资。问 10 年后，该技术员每月工资可以加到多少？

解： 设 10 年后其每月工资为 y 元。

第1年：$y_1 = 3000 + 3000 \times 10\% = 3000 \times (1+10\%)$

第2年：$y_2 = y_1 + y_1 \times 10\% = y_1 \times (1+10\%)$
$= 3000 \times (1+10\%)^2$

可见：y 与 x 是一个指数函数，则

第10年：$y_{10} = 3000 \times (1+10\%)^{10} = 3000 \times (1.1)^{10}$
$\approx 7781 元$

【例 15】 某厂有一台价值 200 万元的机器，每年的折旧率为 10%，问经过 10 年后，这台机器价值多少万元？

解： 例 14 是一个逐年递增的指数函数，其底数 $a=1.1$ 是大于 1 的。本题则是一个逐年递减的指数函数。设 10 年后这台机器价值 y 万元，则有函数关系

$$y = 200 \times (1-10\%)^x = 200 \cdot 0.9^x$$

其底数为 $a=0.9$（$0<a<1$）

将 $x=10$ 代入有 $y = 200 \cdot (0.9)^{10} = 69.74 万元$

上面两个例子严格来说，都不是指数函数，因为前面系数都不为 1，但通常把这种指数型的递增或递减的应用都作为指数函数来看待，把它们称为指数型函数。

3. 指数函数 exp(x)

在初等函数中，把 a^x 称为指数函数，但在自然科学、工控技术中，常把指数函数指定为底为 e 的特定函数，也就是说指数函数

是专指 $y = e^x$ 了。

这里，e 是一个数学常数，它和 π 一样，是一个无限不循环小数。e≈2.718281828，e 也称欧拉数。由于 e>1，函数 $y = e^x$ 的图像和图 2-21（b）相同。

指数函数 e^x 在高等数学的学习中，在自然科学和工程技术中都非常重要。在电路理论的学习中，频谱分析中的拉普拉斯方程的解及其他许多微分方程的解都会引发出指数函数 e^x。在电路的暂态过程分析中，其过渡过程的结论都与指数函数 e^x 有关。

【例 16】电路的暂态过程是指电路的状态从一种稳态变化到另一种稳定状态的过程。图 2-22 所示为一 RC 充电电路。当开关 S 闭合前，电容两端电压 V_C=0。

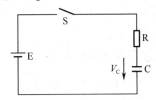

图 2-22 RC 充电电路

当开关合上后，经过一段时间，电容两端电压 V_C 才充电为电源电压 E。从 0 到 E，它是有一个随时间而变化的过程的，这个过程就是电容充电的暂态过程。那么 V_C 充电的规律是如何的？电工理论告诉我们，它可以通过求解 RC 电路的一阶常系数线性微分方程而得到，其解为

$$V_C(t) = E(1 - e^{-t/RC})$$

该解为一个与指数函数 e^x 有关的式子。了解到 e^x 的相关性质，代入到公式中去，就可以很快得到 V_C 与 t 的关系图像即电容电压的充电过程。

2.5.3 对数函数

1. 对数及其运算法则

1）对数定义

如果等式 $a^b = N(a>0$ 且 $a \neq 1)$ 存在，那数 b 称为以 a 为底 N

的对数，记作

$$\log_a N = b$$

式中，a 为底数，N 为真数、b 为对数。

根据条件 $a>0$ 且 $a \neq 1$，对指数函数 $y=a^x$ 来说，不管 x 为多少，其值 a^x 总大于 0。所以 N 必须是正数，即 $N>0$。显然，对数是指数的逆运算。

由对数的定义可知：负数和零没有对数；1 的对数是 0，即 $\log_a 1 = 0$；底数的对数为 1，即 $\log_a a = 1$。

2）常用对数与自然对数

在对数中，把以 10 为底的对数称为常用对数，记作 lg$N$。而把以自然数 e 为底的对数称为自然对数，记作 ln$N$。

3）对数运算法则

对数恒等式：$a^{\log_a N} = N$

积的运算：$\log_a (M \cdot N) = \log_a M + \log_a N$

商的运算：$\log_a \dfrac{M}{N} = \log_a M - \log_a N$

指数运算：$\log_a N^n = n \cdot \log_a N$

$$\log_a N^{\frac{1}{n}} = \frac{1}{n} \cdot \log_a N$$

换底公式：$\log_a b = \dfrac{\log_c b}{\log_c a}$

2．对数函数

1）定义

指数函数 $y = a^x$（$a>0$ 且 $a \neq 1$）的反函数 $y = \log_a x$ 称为对数函数。

对数函数自变量 x 的定义域是大于 0 的实数，其值域是全体实数。

2）图像和性质

对数函数的图像如图 2-23 所示，性质见表 2-1。

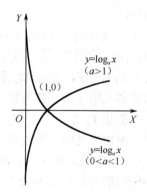

图 2-23 对数函数

表 2-1 对数函数性质

图像特征	函数性质
图像都在 Y 轴右侧	定义域是（0,∞）
图像都经过（1,0）点	1 的对数是 0
底 a 和真数 x 取值相同	对数 $y>0$
底 a 和真数 x 取值相反	对数 $y<0$
增函数，当 $a>1$ 时	y 是增函数
减函数，当 $a<1$ 时	y 是减函数

3）对数函数与指数函数的关系

对数函数 $y=\log_a x$ 与指数函数 $y=a^x$ 互为反函数，因此，它们的图像是一个轴对称图像，对称轴为 $y=x$，如图 2-24 所示。

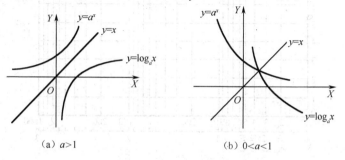

(a) $a>1$ 　　　　　　　(b) $0<a<1$

图 2-24 对数函数与指数函数

3. 对数函数的应用

对数函数特别是常用对数函数 lgx 和自然对数函数 lnx 在自然科学和工程技术中都非常有用，在电工、电子及工控技术中，常用对数函数 lgx 常用来作为坐标的单位而将普通坐标系变成对数坐标系。

普通坐标系又称笛卡儿坐标系。其两根坐标轴上的单位刻度距离是均匀相等的，一般用 1、2、3、4…来表示。这种坐标系一般使用是没有问题的，但如果其中一个变量在所研究的范围内，其量度跨度很大，例如，自变量 x 从 0 到 10000，而因变量 y 的变化却不大。如果仍沿用普通坐标系，X 轴会由于自变量跨度很大而绘制十分困难，这时，如果采用对数坐标系就可以解决这个问题。

对数坐标系就是坐标轴的单位用其常用对数值来刻度的坐标系。如果，X 轴和 Y 轴均采用对数坐标则为双对数坐标系。如果 X 轴采用对数坐标刻度而 Y 轴仍为普通坐标刻度则为半对数坐标。一般半对数坐标用得较多。图 2-25 所示为一半对数坐标的坐标系。由图 2-25 可见，X 轴为对数坐标轴。本来 0~10 的刻度是均匀的，但图中却是不均匀的。因为它们的对数值是不均匀的。本来从 10 到 100 均匀刻度的话，X 轴坐标会很长，但取对数后，lg10=1，lg100=2，仅为 1 个刻度。在对数坐标系中，标示仍为原单位值，但取其对数作为刻度。

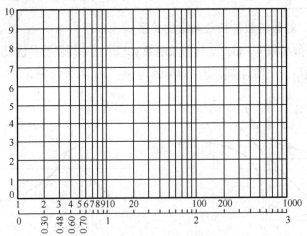

图 2-25 半对数坐标的坐标系

图 2-26 所示为某步进电动机输入频率（转速）和输出转矩的矩频特性图。其频率坐标采用常用对数系而转矩仍为普通坐标，是半对数坐标系。如果用普通坐标系，则矩频特性不可能完整或清晰地表示出来。

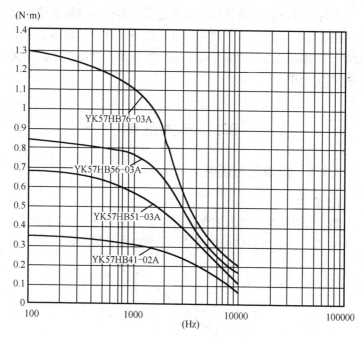

图 2-26 矩频特性图

第 3 章 正弦函数与相量运算

学习指导：正弦函数及其相量运算非常成功地解决了正弦交流电路计算的难题，而正弦交流电路则是所有信号电路的基础。在这一章中，比较详细地介绍了正弦函数及相量运算在正弦交流电路中的应用。

3.1 三角函数

3.1.1 锐角三角函数

1. 定义

图 3-1 所示为一直角三角形 ABC，C 为直角，A、B 为锐角。对 A 来说，三条边分别为其对边 a、邻边 b 和斜边 c。

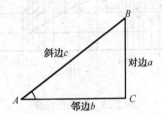

图 3-1 直角三角形 ABC

$$\text{正弦函数}:\sin A = \frac{\text{对边}}{\text{斜边}} = \frac{a}{c}$$

$$\text{余弦函数}:\cos A = \frac{\text{邻边}}{\text{斜边}} = \frac{b}{c}$$

$$\text{正切函数}:\tan A = \frac{\text{对边}}{\text{邻边}} = \frac{a}{b}$$

由于余切 cot A 和正切 tan A 互为倒数关系,所以一般仅研究 sin A、cos A 和 tan A 就行了。注意,三角函数中 sin、cos、tan 仅是函数的表示符号,脱离了后面的角度 A,没有任何意义,也不能参与任何运算。

上面是 A 的正弦、余弦和正切。同样对 B 来说,也有下面的三角函数关系:

$$\sin B = \frac{b}{c}, \quad \cos B = \frac{a}{c}, \quad \tan B = \frac{b}{a}$$

2．特殊角的三角函数值

在锐角三角函数中,有一些特殊角的三角函数值要求读者能记住。这些特殊角就是 0°、30°、45°、60° 和 90°,它们的函数值见表 3-1。

表 3-1 一些特殊角的三角函数值

三角函数	0°	30°	45°	60°	90°
sin a	0	1/2	$\sqrt{2}/2$	$\sqrt{3}/2$	1
cos a	1	$\sqrt{3}/2$	$\sqrt{2}/2$	1/2	0
tan a	0	$\sqrt{3}/3$	1	$\sqrt{3}$	不存在

3．同角三角函数关系式

由锐角三角函数的定义可以得到同角三角函数关系式。

$$\tan a = \frac{\sin a}{\cos a}, \quad (\sin a)^2 + (\cos a)^2 = 1$$

4．三角函数在解直角三角形中的应用

(1) 直角三角形(RT△)中边与三角的关系。

如图 3-2 所示,RT△ABC 中,两直角边 a、b,斜边 c,则 RT△ABC 的角和边有如下关系式成立。

$$A+B=C=90°$$
$$a^2 + b^2 = c^2$$
$$\sin A = \frac{a}{c}, \quad \cos A = \frac{b}{c}, \quad \tan A = \frac{a}{b}$$

$$(\sin A)^2 + (\cos A)^2 = 1, \quad \tan A = \frac{\sin A}{\cos A}$$

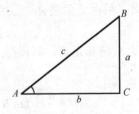

图3-2 RT△ABC

（2）解 RT△就是上面的关系式对 RT△的边和角进行求解。解 RT△在实际中非常有用。

【例1】如图 3-3 所示，山高 $AC=74\text{m}$，西山坡 AB 的坡度为 $i=2:5$，由山顶 A 处测得东山坡山脚 D 的仰角为 $45°$，若从 B 到 D 开通一条隧道 BD，求 BD 的长。

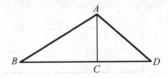

图3-3 例1图

解：在 RT△ABC 中，$\angle ACB=90°$，坡度 $i=2:5$。
　　坡度是指坡高 AC 与水平宽度 BC 之比。
即

$$\tan B = \frac{AC}{BC} = \frac{2}{5}$$

$$BC = \frac{AC}{\tan B} = \frac{74}{\frac{2}{5}} = 185\text{m}$$

在 RT△ACD 中，仰角为 $\angle ADC=45°$
所以

$$\angle CAD = \angle ADC = 45°$$

所以
$$AC=CD=74m$$
所以
$$BD=BC+CD=185+74=259m$$

【例2】 车间主任给小王一块圆的部分碎片，如图3-4（a）所示，要小王做一块同样大小完整的圆块。

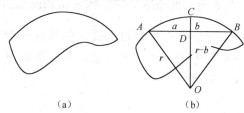

图3-4　例2图

解： 本题关键是找出圆的半径 r。在碎片圆弧上作一条弦 AB，再作它的垂直平分线，相交 AB 于 D，测量 $AD=a$，D 到圆边距离 $DC=b$，则半径 r 可求出了。

由图3-4（b）可知，
$$OC=OA=r$$
因为
$$DC=b$$
所以
$$OD=r-b$$
在 RT△ADO 中，有
$$a^2+(r-b)^2=r^2$$
整理
$$2rb=a^2+b^2$$
得
$$r=\frac{a^2+b^2}{2b}$$

【3.1.1 练习题】

1. RT△ACB 中，∠C=90°，已知 $\tan A = \dfrac{12}{5}$，求 sinA=? cosA=?

2. 已知 a 为锐角，且 $\tan a = \dfrac{\sqrt{3}}{3}$，求 $\sin a$ 和 $\cos a$ 的值。

3. 如下图，在山脚 C 处测得山顶 A 的仰角为 45°，沿倾斜角为 35° 的斜坡前进 300m，到达 D 处，在 D 处测得山顶 A 的仰角为 60°，求山高 AB。

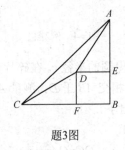

题3图

3.1.2 任意角三角函数

1. 角的定义与推广

上面通过 RT△ 介绍了三角函数的定义。其仅局限于锐角（<90°）。实际上，角在不同的范围里其定义是不同的。

在平面几何里，角的定义是由公共端引出的两条射线所构成的图形，如图 3-5 所示，这是静态角的描述。如果需要比较两个角的大小呢，就用到了动态角的概念。动态角的定义是，一条射线绕着它的端点从一个位置旋转到另一个位置所形成的图形称为角。所旋转射线的端点称为顶点，开始位置射线称为角的始边。终止位置称为角的终边，如图 3-6 所示。如果要比较两个角的大小，只要比较它们的终边位置就行了。

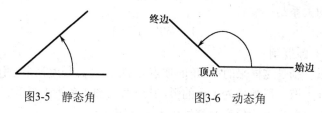

图3-5 静态角　　　　　图3-6 动态角

按照平面几何角的定义，当终边旋转一周时，又回到了始边位置，因此，在平面几何中角的最大量度是周角。如果把一个周角的 360 分之一称为 1 度，记作 1°，那么周角就是 360°。这样就把角从小于 90° 推广到了 360°。

实际上，终边还可以继续转下去。在电工学中，交流电就是一个以时间 t 为变量的正弦函数，t 的变化是持续的。因此，这个正弦函数的角就是越来越大，远远超过 360°，如图 3-7 所示，这就是角从 360° 扩大到了无穷大。

上面所讲的，是终边逆时钟方向旋转所形成的角。同样，如果经过顺时针方向旋转的话，也构成角的图形。一般规定逆时针旋转所得到的是正角，而顺时针旋转所得到的是负角，如图 3-8 所示。

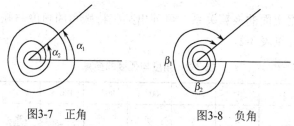

图3-7 正角　　　　　图3-8 负角

2. 角的度量表示

角的度量表示是指用什么度量单位来表示角的大小，目前，国际上常用的有两种表示单位。

1）角度制

角度制的度量单位是度。把经过旋转一周又回到始边所形成的角称为周角，把周角分成 360 等分，其 1 等分为角度制的基本度量单位，称为 1 度，记作 1°。比度小的是分、秒，记作 1′和 1″，

它们的关系是

$$1°=60', \quad 1'=60''$$

2）弧度制

弧度制是这样来的：以角的顶点为圆心，任意长度为半径作圆。在圆周上取一段弧长为半径的弧，其所对的圆心角为1弧度（rad）。这种用弧度来表示角度的度量称为弧度制。

用弧度来表示角度时，其中单位可以不写，例如当 $a=3$ 弧度时，可写成 $a=3$。3 又是一个实数，因此，在角度的表示中，凡是角度制必须加上标"°"，否则一律视为弧度制表示。例如，sin85° 是角度制表示，而 sin85 是弧度制表示。

3）角度与弧度的转换

角度与弧度的基本关系式为

$$\pi=180°, \quad 2\pi=360°$$

故其换算关系为

$$1° = \frac{\pi}{180°} \times 1° \approx 0.017453 \text{rad}$$

$$1\text{rad} = \frac{180°}{\pi} \approx 57.296° = 57°18'$$

根据上面的换算关系，可列出某些特殊角的角度与弧度的换算关系，见表3-2。

表3-2　角度与弧度的换算

度	0°	30°	45°	60°	90°	180°	270°	360°
弧度	0	$\frac{\pi}{6}$	$\frac{\pi}{4}$	$\frac{\pi}{3}$	$\frac{\pi}{2}$	π	$\frac{3\pi}{2}$	2π

【例3】用弧度制表示下列各角。

（1）45°　　（2）136°30′

解：（1）$45° = \frac{\pi}{180°} \times 45 = \frac{\pi}{4} \text{rad}$

（2）$136°30' = \frac{\pi}{180°} \times 136.5° \approx 2.3823 \text{rad}$

【例4】用角度制表示下列弧度。

(1) $\dfrac{5}{8}\pi$ rad (2) 8.96 rad

解：(1) $\dfrac{5}{8}\pi = \dfrac{180°}{\pi} \times \dfrac{5}{8}\pi = 112.5°$

(2) $8.96 = \dfrac{180°}{\pi} \times 8.96 \approx 513.37°$

3．0°～360°之间角的三角函数

1）定义

在前面，定义了锐角的三角函数，当角的量度从锐角扩充到360°和更大的角时，必须重新定义角的三角函数。

设有角 a，以其顶点为原点，以其始边为坐标系的 X 的正半轴，建立一个笛卡儿坐标系，如图3-9所示，在角 a 的终边上任取一点 P，P 点的坐标为 (x, y)。原点到 P 点的距离为 r（$r>0$），这时三角函数的定义为

$$\sin a = \dfrac{y}{r}, \quad \cos a = \dfrac{x}{r}$$

$$\tan a = \dfrac{y}{x}, \quad \cot a = \dfrac{x}{y}$$

这就是坐标系中的三角函数的定义，根据这个定义，三角函数的概念就可以从锐角扩充到360°角了。

平面笛卡儿坐标系有四个象限。当经过从 0°变化到 360°时，也产生了四个象限角。如图 3-10 所示，$0°<a<90°$ 称为第一象限角，以此类推，$90°<a<180°$ 为第二象限角，$180°<a<270°$ 为第三象限角，$270°<a<360°$ 为第四象限角。

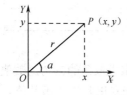

图3-9　三角函数坐标定义

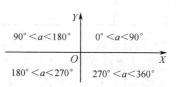

图3-10　四象限

在锐角的三角函数中,无论是 sin、cos 还是 tan、cot,它们的值都是正值。但在平面笛卡儿坐标系中,锐角的三角函数仅相当于第一象限三角函数值;而在其他象限中由于 x、y 均出现负值,所以三角函数值也出现了负值。

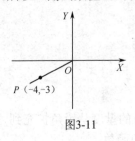

图3-11

【例5】已知角 A 的终边在第三象限,终边经过点 $P(-4,-3)$,如图3-11所示。求角 A 的 $\sin A$、$\cos A$、$\tan A$ 的值。

解: 已知 $x=-4$,$y=-3$

则

$$r=\sqrt{(-4)^2+(-3)^2}=5$$

求得

$$\sin A = \frac{y}{r} = \frac{-3}{5} = -\frac{3}{5}$$

$$\cos A = \frac{x}{r} = \frac{-4}{5} = -\frac{4}{5}$$

$$\tan A = \frac{x}{y} = \frac{-4}{-3} = \frac{4}{3}$$

由答案可知,A 的三角函数值的符号与所在象限的 x、y 取值有关。三角函数在四个象限的符号见表3-3。

表3-3 三角函数象限符号

三角函数	第一象限	第二象限	第三象限	第四象限
$\sin a$	+	+	−	−
$\cos a$	+	−	−	+
$\tan a$	+	−	+	−
$\cot a$	+	−	+	−

2)诱导公式

上面是通过终点上某点 P 的坐标系来求取角的三角函数值,但在实际应用中,希望仅知道角度值就能求出其三角函数值,如 $\sin 125°$、$\cos 228°$、$\tan 280°$ 等。当然,它也可以通过先画出角的终边，然后在终边上任取一点，求出其 x、y 的坐标值，再求出相应的三角函数值。能不能不通过画图方式而仅通过计算的方法得到其三角函数值呢？这种通过计算的方法实质上就是把 $90°\sim 360°$ 之间的角转化成锐角，然后求锐角三角函数值（前提是锐角的三角函数值是已知的）。

把 $90°\sim 360°$ 之间三角函数转换成锐角的三角函数的公式称为诱导公式。关于诱导公式的证明这里不作讲解，仅介绍其结论及应用。

三角函数的诱导公式很多。但只要记住下面四句口诀就可以很容易掌握了。

"二三象限 π 减加，第四象限 2π 减；

角变函数名不变，符号要随象限加。"

现对口诀作一些说明：

"二三象限 π 减加"。如设转换后的锐角为 a。则第二象限角总可以用 π 减去 a 来替换，而第三象限角总可以用 π 加上 a 来替换。

"第四象限 2π 减"。第四象限角总可以用 2π 减去 a 来替换。

"角变函数名不变"。变换后的锐角的三角函数仍为同名函数。即 sin 仍为 sin，cos 仍为 cos，tan 仍为 tan。

"符号要随象限加"。变换后必须根据函数在该象限的符号（如表 3-3 所示）加在变换后函数前面。

3）$90°\sim 360°$ 之间角的三角函数值

通过诱导公式就可以把 $90°\sim 360°$ 之间的三角函数值转换成锐角的三角函数值而求取。

【例 6】试求下列三角函数值之间。

（1）$\sin 150°$　　（2）$\cos 210°$　　（3）$\tan 315°$

解：（1）$\sin 150°$

$$150°=180°-30°$$

所以

$$\sin 150° = \sin(180°-30°) = \sin 30° = \frac{1}{2}$$

(2) $\cos 210°$

$$210° = 180° + 30°$$

所以
$$\cos 210° = \cos(180° + 30°) = -\cos 30° = -\frac{\sqrt{3}}{2}$$

(3) $\tan 315°$

$$315° = 360° - 45°$$

所以
$$\tan 315° = \tan(360° - 45°) = -\tan 45° = -1$$

【例7】求下列各角的正弦、余弦、正切。

(1) $\frac{3}{4}\pi$　　(2) $240°$

解：(1) $\frac{3}{4}\pi$，为第二象限角

$$\frac{3}{4}\pi = \pi - \frac{\pi}{4}$$

所以
$$\sin \frac{3}{4}\pi = \sin\left(\pi - \frac{\pi}{4}\right) = \sin \frac{\pi}{4} = \frac{\sqrt{2}}{2}$$
$$\cos \frac{3}{4}\pi = \cos\left(\pi - \frac{\pi}{4}\right) = -\cos \frac{\pi}{4} = -\frac{\sqrt{2}}{2}$$
$$\tan \frac{3}{4}\pi = \cos\left(\pi - \frac{\pi}{4}\right) = -\tan \frac{\pi}{4} = -1$$

(2) $240°$，为第三象限角

$$240° = 180° + 60°$$

所以
$$\sin 240° = -\sin 60° = -\frac{\sqrt{3}}{2}$$
$$\cos 240° = -\cos 60° = -\frac{1}{2}$$
$$\tan 240° = \tan 60° = \sqrt{3}$$

4．任意角的三角函数值

任意角是指从 0 到任意大之间的取值范围内的角，其中 0°～360°之间的三角函数已在前面讨论过，下面讨论大于 360°时角的三角函数。

当经过逆时针旋转超过一周（360°）时，又回到第一象限，这时不管终边停止在哪里，总会和第一象限的一个角重合。同样，如果终边继续旋转不超过两周时，不管终边停止在哪里，总会和 0°～360°中的某一个角重合。根据前面所讲的坐标系中的三角函数定义，其三角函数值是同样的，也就是说，当角超过了 360°时是在重复 0°～360°之间的函数值。这就说明，三角函数是一个周期性函数，它的周期是 2π（360°），过了 360°就在重复以前的函数值变化。例如，$\sin 390°$ 的值与 $\sin 30°$ 的值是一样的，$\sin 480°$ 的值与 $\sin 120°$ 的值是一样的。这样，就有了任意角（包括 0°～360°角）的函数值计算方法。

设任意角 A，由坐标系角的定义可知

$$A = n \times 360° + a \ (n=0,1,2\cdots \ 0 \leqslant a \leqslant 360°)$$

或

$$A = n \times 2\pi + a \ (n=0,1,2\cdots \ 0 \leqslant a \leqslant 2\pi)$$

而由上面分析可得，A 的三角函数值与 a 的三角函数值是相同的。这样就可把任意大于 360°的角的函数值转换成小于 360°的三角函数值。

【例 8】求下列各角的正弦、余弦、正切。

（1）7320°　　　（2）$\dfrac{47}{3}\pi$

解：（1）$7320° = 20 \times 360° + 120°$

所以

$$\sin 7320° = \sin 120° = \sin 60° = \dfrac{\sqrt{3}}{2}$$

$$\cos 7320° = \cos 120° = -\cos 60° = -\dfrac{1}{2}$$

$$\tan 7320° = \tan 120° = -\tan 60° = -\sqrt{3}$$

(2) $\dfrac{47}{3}\pi$

$$\dfrac{47}{3}\pi = 7\times 2\pi + \dfrac{5}{3}\pi$$

所以

$$\sin\dfrac{47}{3}\pi = \sin\dfrac{5}{3}\pi = -\sin\dfrac{1}{3}\pi = -\dfrac{\sqrt{3}}{2}$$

$$\cos\dfrac{47}{3}\pi = \cos\dfrac{5}{3}\pi = +\cos\dfrac{1}{3}\pi = +\dfrac{1}{2}$$

$$\tan\dfrac{47}{3}\pi = \tan\dfrac{5}{3}\pi = -\tan\dfrac{1}{3}\pi = -\sqrt{3}$$

【3.1.2 练习题】

1．下面各角均为笛卡儿坐标系中的角，请指出它们的终边在第几象限。

(1) 425°　　(2) −80°　　(3) 1215°　　(4) −510°

2．把下面各角用弧度表示（可用 π 表示）。

(1) −120°　　(2) 750°　　(3) 49°48′　　(4) 1080°

3．把下面各角用角度表示（度·分·秒）。

(1) $\dfrac{\pi}{12}$　　(2) $-\dfrac{7}{6}\pi$　　(3) −3.63　　(4) 7

4．如果角 a 的终边上的点 P 的坐标是

(1) $(\sqrt{2},\sqrt{2})$　　　　(2) $(-1,5)$

(3) $(-3,-4)$　　　　(4) $(11,-60)$

试求出角 a 的正弦、余弦和正切值。

5．计算。

(1) $2\sin 90°^2 + \tan 45°\cdot \cos 60° - \dfrac{1}{2}\cos 360°$

(2) $5\sin 90°^2 + 2\cos 0° - 3\sin 270° + 10\cos 90°$

6．求下列各角的正弦、余弦、正切。

（1）1945°　　　（2）$\dfrac{91}{6}\pi$

3.1.3　三角函数图像与性质

1．三角函数图像

三角函数图像如图 3-12（$y=\sin x$）、图 3-13（$y=\cos x$）、图 3-14（$y=\tan x$）所示。

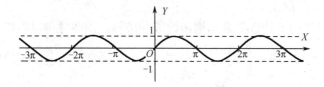

图3-12　$y=\sin x$ 的函数图像

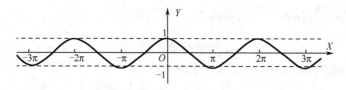

图3-13　$y=\cos x$ 的函数图像

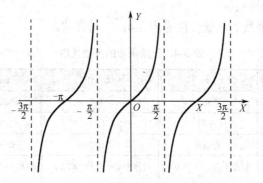

图3-14　$y=\tan x$ 的函数图像

2. 三角函数性质

1）周期性

当一个函数的自变量经过一段变化后，其函数值 y 开始重复出现以前的变化值。而且这个变化是周而复始地，就称这个函数为周期函数。而能够使函数值变化重复出现的自变量的最小变化范围称为这个周期函数的周期。

三角函数就是一个周期性函数，由其函数图像可以看出 $\sin x$ 和 $\cos x$ 的周期是 2π，而 $\tan x$ 的周期为 π。周期一般用 T 表示。

2）单调性

函数的单调性就是指增函数或减函数。由图像可以看出，对对 $\sin x$ 来说，其在 $\left[-\dfrac{\pi}{2}, \dfrac{\pi}{2}\right]$ 区间为增函数，而在 $\left[\dfrac{\pi}{2}, \dfrac{3\pi}{2}\right]$ 区间为为减函数。对周期函数来说，则有 $\left[2K\pi - \dfrac{\pi}{2}, 2K\pi + \dfrac{\pi}{2}\right]$ 为增函数，区间 $\left[2K\pi + \dfrac{\pi}{2}, 2K\pi + \dfrac{3\pi}{2}\right]$ 为减函数，其 K 为整数。

基于同样分析，$\cos x$ 的增函数区间为 $[2K\pi - \pi, 2K\pi]$，减函数区间为 $[2K\pi, 2K\pi + \pi]$，K 为整数。

对 $\tan x$ 来说，在区间 $\left[K\pi - \dfrac{\pi}{2}, K\pi + \dfrac{\pi}{2}\right]$ 为增函数。

3）其他性质

三角函数的其他性质见表 3-4，不再详述。

表 3-4 三角函数的其他性质

	$\sin x$	$\cos x$	$\tan x$
定义域	R	R	$x \neq \pi/2 + K\pi$
值域	[−1,1]	[−1,1]	R
奇偶性	奇函数	偶函数	奇函数
对称性	对称中心：($K\pi$,0) 对称轴：$x=K\pi+\pi/2$	对称中心：($K\pi+\pi/2$,0) 对称轴：$x=K\pi$	对称中心：($K\pi/2$,0)

3.1.4 三角函数公式

1．两角的和与差公式

$$\sin(x \pm y) = \sin x \cos y \pm \cos x \sin y$$

$$\cos(x \pm y) = \cos x \cos y \mp \sin x \sin y$$

$$\tan(x \pm y) = \frac{\tan x \pm \tan y}{1 - \tan x \cdot \tan y}$$

2．多倍角公式

$$\sin 2x = 2\sin x \cos x$$

$$\cos 2x = \cos x^2 - \sin x^2 = 1 - 2\sin x^2 = 2\cos x^2 - 1$$

$$\tan 2x = \frac{2\tan x}{1 - \tan^2 x}$$

3．半角公式

$$\sin \frac{x}{2} = \pm \sqrt{\frac{1 - \cos x}{2}}$$

$$\cos \frac{x}{2} = \pm \sqrt{\frac{1 + \cos x}{2}}$$

$$\tan \frac{x}{2} = \pm \sqrt{\frac{1 - \cos x}{1 + \cos x}} = \frac{1 - \cos x}{\sin x} = \frac{\sin x}{1 + \cos x}$$

4．和差化积

$$\sin x + \sin y = 2\sin \frac{x+y}{2} \cdot \cos \frac{x-y}{2}$$

$$\sin x - \sin y = 2\cos \frac{x+y}{2} \cdot \sin \frac{x-y}{2}$$

$$\cos x + \cos y = 2\cos \frac{x+y}{2} \cdot \cos \frac{x-y}{2}$$

$$\cos x - \cos y = -2\sin \frac{x+y}{2} \cdot \sin \frac{x-y}{2}$$

5. 积化和差

$$\sin x \sin y = \frac{\cos(x+y) - \cos(x-y)}{2}$$

$$\sin x \cos y = \frac{\sin(x+y) + \sin(x-y)}{2}$$

$$\cos x \sin y = \frac{\sin(x+y) - \sin(x-y)}{2}$$

$$\cos x \cdot \cos y = \frac{\cos(x+y) + \cos(x-y)}{2}$$

3.1.5 解斜三角形

前面介绍过解直角三角形,且学习了任意角的三角函数后,就可以解斜三角形了,即不含有直角的三角形。解斜三角形应用比解直角三角形更为广泛。

解斜三角形必须用到两个与三角形边角关系密切的定理。

1. 正弦定理

在△ABC中,角A,B,C所对的边分别为a,b,c,则有

$$\frac{a}{\sin A} = \frac{b}{\sin B} = \frac{c}{\sin C} = 2R$$

其中R为三角形外接圆半径。

2. 余弦定理

在△ABC中,角A,B,C所对的边分别为a,b,c,则有

$$a^2 = b^2 + c^2 - 2bc\cos A$$

$$b^2 = a^2 + c^2 - 2ac\cos B$$

$$c^2 = a^2 + b^2 - 2ab\cos C$$

【例9】在△ABC中,已知a=35,b=24,∠C=60°。试解三角形。

解:由余弦定理得

$$c^2 = a^2 + b^2 - 2ab\cos C$$

$$= 35^2 + 24^2 - 2 \times 35 \times 24 \cdot \cos 60° = 961$$

则

$$c = \sqrt{961} = 31$$

由正弦定理得

$$\sin A = \frac{a}{c}\sin C = \frac{35}{31} \cdot \frac{\sqrt{3}}{2} \approx 0.978$$

$$\cos B = \frac{b}{c}\sin C = \frac{24}{31} \cdot \frac{\sqrt{3}}{2} \approx 0.670$$

查表：∠A=77.96°，∠B=42.06°

3.2 正弦函数

3.2.1 正弦函数的图像变换

正弦函数的图像变换是指如何从 $y=\sin x$ 的正弦函数的基本图像画出 $y=A\sin(\omega x+\varphi)$ 的图像。

1．$y=\sin x$ 的图像

这是基本正弦函数的图像，如图 3-15 所示，前面已作介绍，这里不再重复。

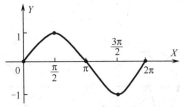

图3-15　$y=\sin x$的图像

2．$y=A\sin x$ 的图像

A 称为正弦函数 $\sin x$ 的振幅。与 $y=\sin x$ 的图像相比，$y=A\sin x$ 的图像就是把 $y=\sin x$ 图像上所有的纵坐标（y 值）变为原来的 A 倍（横坐标不变）而得到的。如果 $A>1$，纵坐标伸长 A 个单位，如图 3-16 中的 $y=2\sin x$；如果 $0<A<1$，纵坐标缩小 A 个单位，如图 3-16 中的 $y=\frac{1}{2}\sin x$；如果 $A=1$，即为 $y=\sin x$。

3．$y=\sin \omega x$ 的图像

当正弦量函数的变量由 x 变为 ωx 后，函数的周期发生了变化，

$\sin x$ 的周期为 2π，而 $\sin\omega x$ 的周期也为 2π。但对 x 来说 $\omega x = 2\pi$，$x = \dfrac{2\pi}{\omega}$。其周期缩小 $\dfrac{1}{\omega}$ 倍，从图像上来看相当于把图像在横坐标上伸长（$\omega<1$）或缩小（$\omega>1$）了 $\dfrac{1}{\omega}$（纵坐标不变）。

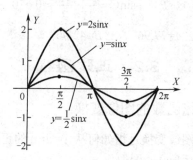

图3-16　$y=A\sin x$ 的图像

如图 3-17 所示，$y = \sin\dfrac{1}{2}x$ 的周期为 4π，而 $y = \sin 2x$ 的周期为 π。

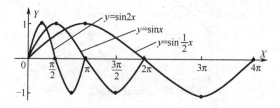

图3-17　$y=\sin\omega t$ 的图像

在正弦交流电路中，横坐标为时间 t，电路中各处的电流、电压都是随正弦变化的量。而正弦量变化一周所需要的时间用符号 T 表示，单位是秒（s）。把每秒钟内正弦量变化的次数用符号 f 表示称为频率，单位是赫兹（Hz）。

显然，周期（T）和频率（f）之间互为倒数关系，即

$$T = \dfrac{1}{f}$$

正弦量变化的快慢，用 f 表示。而每变化一次，对正弦函数而言，则是变化了 $360°$，或 2π 弧度。因而，用每秒变化多少弧度也可以表示正弦量变化的快慢，这个每秒变化多少弧度称为角频率 ω，显然有

$$\omega = 2\pi f = \frac{2\pi}{T}$$

4. $y=\sin(x+\psi)$ 图像

基本正弦函数当 $x=0$ 时，$y=0$，但如果对函数 $y=\sin(x+\varphi)$ 来说，当 $x=0$ 时，$y=\sin\varphi$ 不为 0，它也是正弦函数的变换的一种。通常把 $(x+\varphi)$ 称为正弦函数的相位。而把 φ 称为初相位，即 $x=0$ 时的相位。

$y=\sin(x+\varphi)$ 的图像相当于把 $\sin x$ 的图像向左（$\varphi>0$ 时）或向右（$\varphi<0$ 时）平移 $|\varphi|$ 个单位得到的，如图3-18所示。

$y=\sin\left(x+\dfrac{\pi}{4}\right)$ 是 $\sin x$ 的图像向左移动 $\dfrac{\pi}{4}$ 个单位，而 $y=\sin\left(x-\dfrac{\pi}{4}\right)$ 是 $\sin x$ 的图像向右移动 $\dfrac{\pi}{4}$ 个单位。

也可以用移动纵坐标的方法，如 $\varphi>0$，则纵坐标向右移动 φ 个单位，而当 $\varphi<0$ 时，纵坐标向左移动 $|\varphi|$ 个单位。和图像移动不同的是，图像移动时，横坐标的 x 的单位标示不必改变，而移动纵坐标时，所有的横坐标上的标示必须重新标注。

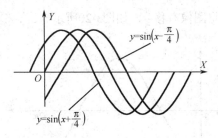

图3-18 $y=\sin(x+\varphi)$ 的图像

5. $y=A\sin(\omega x+\varphi)$ 图像

在学习了前面的 $\sin x$ 图像的变换原理后，再来作 $y=A\sin(\omega x+\varphi)$

的图像就不困难了。

函数 $y=A\sin(\omega x+\varphi)$（其中仅讨论 $A>0$，$\omega>0$）的图像可以在基本函数 $y=\sin x$ 的基础上由下面的三次变换得到。

（1）图像平移：把 $y=\sin x$ 的图像向左（$\varphi<0$）或向右（$\varphi>0$时）移动 $|\varphi|$ 个单位，得到 $y=\sin(x+\varphi)$ 的图像。

（2）横坐标伸缩：把横坐标按原来的 $\dfrac{1}{\omega}$ 进行变换，纵坐标不变，图像就变成了 $y=\sin(\omega x+\varphi)$。

（3）纵坐标伸缩：把纵坐标按原来的 A 倍进行变换，图形就变成了 $y=A\sin(\omega x+\varphi)$。

【例10】试由 $y=\sin x$ 变换得到 $y=2\sin\left(2x-\dfrac{\pi}{2}\right)$ 的图像。

解：（1）先画出 $y=\sin x$ 的图像，如图 3-19 所示。

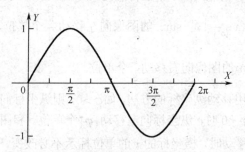

图3-19 $y=\sin x$ 的图像

（2）将图像右移 $\dfrac{\pi}{2}$，如图3-20所示。

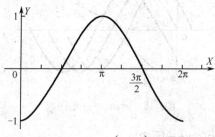

图 3-20 $y=\sin\left(x-\dfrac{\pi}{2}\right)$ 的图像

(3) 将横坐标变换为 $\frac{1}{2}$,如图 3-21 所示。

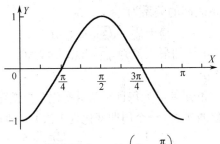

图 3-21　$y = \sin\left(2x - \frac{\pi}{2}\right)$

(4) 将纵坐标变换为 2 倍,横坐标不变,如图 3-22 所示。

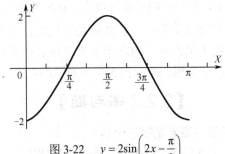

图 3-22　$y = 2\sin\left(2x - \frac{\pi}{2}\right)$

【3.2.1 练习题】

1. 试画出 $y = \frac{1}{2}\sin\left(2x + \frac{\pi}{3}\right)$ 的图像。

2. 试画出 $y = 5\sin\left(\frac{1}{3}x - \frac{\pi}{6}\right)$ 的图像。

3.2.2　正弦函数三要素

对正弦函数 $y = A\sin(\omega t + \varphi)$ 来说,y 是时间 t 的函数,把 A, ω, φ 称为正弦函数的三要素。

1. 振幅 A

振幅 A 表示正弦函数变化的最大范围,即在 $[-A, A]$ 区间里变化。

在正弦交流电路中,其表达正弦量所达到的最大值。通常所指交流电压 380V,220V 并不是正弦交流电压的最大值,而是有效值。有效值与最大值之间的关系为

$$最大值 = \sqrt{2} \times 有效值$$

例如 380V 交流电压的最大值为 $\sqrt{2} \times 380 \approx 537\text{V}$。

2. 角频率 ω

如前所述,角频率 ω 为每秒正弦量变化多少弧度,频率 f 则是正弦量每秒变化的次数(一个周期变化为 1 次)。它们之间的关系是

$$T = \frac{1}{f}, \quad \omega = 2\pi f = \frac{2\pi}{T}$$

3. 初相位 φ

在正弦量中,把 $(\omega t + \varphi)$ 称为相位,φ 称为初相位,即 $t=0$ 时的相位。在正弦交流电路中,正弦量是连续的,不存在初相位,但当正弦量作用于电路时,电路中各处电压、电流相比较时会出现不同的相位,这个相位是用初相位来衡量的。

【3.2.2 练习题】

1. 正弦函数三要素是哪三个量?
2. 指出下列正弦函数的振幅、频率和初相位。

(1) $y = 220\sqrt{2}\sin\left(100\pi t + \dfrac{3\pi}{4}\right)$

(2) $y = 380\sqrt{2}\sin\left(50\pi t + \dfrac{\pi}{4}\right)$

3.2.3 正弦函数运算

正弦函数的运算是指两个正弦函数的加、减、乘、除运算。这其中有两种情况,一种是不同角频率(或频率)的两个正弦量之间运算。例如,$5\sin\left(2x + \dfrac{\pi}{2}\right) + \sin\left(3x + \dfrac{\pi}{4}\right)$。这两个正弦量的频率是不相等的,这种运算十分复杂,其结果也不是正弦量,所以不在讨论范围内。

另一种是角频率（或频率）相同的两个正弦量之间运算。在讨论同频率正弦量运算前，先介绍一个非常有用的三角函数公式：

$$a \cdot \sin x + b \cdot \cos x = A\sin(x+\varphi)$$

其中
$$A = \sqrt{a^2 + b^2}$$
$$\tan\varphi = \frac{b}{a}$$

下面举个例子说明两个同频率正弦量相加的结果是什么。

【例 11】 $y_1 = 3\sin(\omega t + 30°)$，$y_2 = 4\sin(\omega t + 60°)$，试求 $y = y_1 + y_2$。

解：
$$\begin{aligned}
y &= y_1 + y_2 \\
&= 3\sin(\omega t + 30°) + 4\sin(\omega t + 60°) \\
&= 3(\sin\omega t\cos 30° + \cos\omega t\sin 30°) + \\
&\quad 4(\sin\omega t\cos 60° + \cos\omega t\sin 60°) \\
&= 3\left(\sin\omega t \cdot \frac{\sqrt{3}}{2} + \cos\omega t \cdot \frac{1}{2}\right) + \\
&\quad 4\left(\sin\omega t \cdot \frac{1}{2} + \cos\omega t \cdot \frac{\sqrt{3}}{2}\right) \\
&= \frac{3\sqrt{3}}{2}\sin\omega t + \frac{3}{2}\cos\omega t + 2\sin\omega t + 2\sqrt{3}\cos\omega t \\
&= \left(2 + \frac{3\sqrt{3}}{2}\right)\sin\omega t + \left(2\sqrt{3} + \frac{3}{2}\right)\cos\omega t \\
&= A\sin(\omega t + \varphi)
\end{aligned}$$

式中
$$a = 2 + \frac{3\sqrt{3}}{2} = \frac{4 + 3\sqrt{3}}{2}$$
$$b = 2\sqrt{3} + \frac{3}{2} = \frac{4\sqrt{3} + 3}{2}$$
$$A = \sqrt{a^2 + b^2} \approx 6.77$$
$$\tan\varphi = \frac{b}{a} \approx 1.08 \quad \varphi = 47.2°$$

所以
$$y_1 + y_2 = 6.77\sin(\omega t + 47.2°)$$

比较一下 y_1, y_2 与 y_1+y_2 结果，得到一个非常重要结论，两个同频率的正弦量发生相加运算，其结果仍是同频率的正弦量。同样，可以证明两个同频率的正弦量的减法运算、乘法运算和除法运算，其结果仍为同频率的正弦量。这个结论非常重要，它说明，如果同频率正弦量进行加减乘除运算。可以对其频率参数在计算时不予考虑，而只要考虑振幅和初相位的计算。由正弦量加法运算的过程中可以看出，完全依照三角函数公式来进行运算非常烦琐和不方便。很有必要对同频率正弦量运算进行化简，找出一种简便的运算方法。下面所介绍的正弦量相量运算法就是一种利用复数矢量运算对同频率正弦量运算进行简化运算的方法。这个方法的前提就是不考虑频率参数，只对幅值和初相位进行运算就可得到运算结果。

3.3 复数及其运算

3.3.1 复数的概念

1. 虚数

试解方程：

$$x^2+1=0$$

移项后，$x^2=-1$，实数的平方根不可能为负数，所以此方程在实数范围内无解。这时，为了方程求解的需要，引进了虚数的概念。

令 $i=\sqrt{-1}$ 为虚数单位，虚数有以下性质。

（1）因 $i^2=-1$，则有 $i^0=1$，$i^1=i$，$i^2=-1$，$i^3=-i$。

（2）当 i 与实数 b 相乘时，记作 bi，把 bi 称为纯虚数，i 为纯虚数的单位就好像 1 是实数的单位一样。

（3）纯虚数也可以和实数一样进行四则运算。

（4）虚数的乘方，一般地如果 n 为正整数，有 $i^{4n}=1$，$i^{4n+1}=i$，$i^{4n+2}=-1$，$i^{4n+3}=-i$。

【例12】设 $A=5i$，$B=3i$，求 $A+B$，$A-B$，$A \cdot B$，A/B。

解： （1）$A+B=5i+3i=8i$

（2）$A-B=5i-3i=2i$

(3) $A \cdot B = 5i \cdot 3i = 15 \ i^2 = -15$

(4) $\dfrac{A}{B} = \dfrac{5i}{3i} = \dfrac{5}{3}$

【例 13】 化简 i^{172}，i^{47}。

解： (1) $i^{172} = i^{4 \times 43} = 1$（$n=43$）

(2) $i^{47} = i^{4 \times 11 + 3} = -i$（$n=11$）

2. 复数

引进了虚数概念后，方程：
$$x^2 - 4x + 20 = 0$$
在实数范围内无解，但是在虚数范围内则变成了有解，其解为 $x_1 = 2 + 4i$，$x_2 = 2 - 4i$。每个根都包括两部分，一部分为实数，一部分为虚数。

把 $a+bi$ 称为复数，记作 $Z = a+bi$。复数由实数和虚数两部分组成，实数 a 的单位是 1，虚数 bi 的单位是 i，b 为虚数的系数。当 $b=0$ 时，复数为实数；当 $a=0$ 时，复数为纯虚数。

引入了虚数的概念后，数就由实数扩充到了复数。而实数、虚数都是复数的特例。

复数有以下性质。

(1) 两复数相等，有且仅有它们的实部和虚部都分别相等时，才相等。例如：$A_1 = a_1 + b_1 i$，$A_2 = a_2 + b_2 i$，仅当 $a_1 = a_2$，$b_1 = b_2$ 时，$A_1 = A_2$。

(2) 复数为 0，有且仅有它的实部和虚部同时为 0 时，才为 0。即仅当 $a=b=0$ 时，$A = a+bi = 0$。

(3) 复数不能比较大小，实数可以比较大小，但复数不能，复数不存在谁大谁小的问题。

3. 共轭复数

在实数范围内，a 和 $-a$ 是一对互为相反数的实数。在复数范围内，也存在类似的概念，也就是共轭复数。

共轭复数是指两个复数，如果它们的实部相等，虚部符号相反，如 $a+bi$ 和 $a-bi$，则称为共轭复数，复数 $Z = a+bi$ 的共轭复数记作 $\overline{Z} = a-bi$，反之亦然。

【例 14】 计算共轭复数 $x+yi$ 与 $x-yi$ 的积。

解： $(x+yi)\cdot(x-yi)= x^2 - y^2\cdot i^2 = x^2 + y^2$

例 14 给出了一个非常重要的结论：两个共轭复数 $Z\cdot \bar{Z}$ 的积是一个实数。这个结论在复数的运算中起到了复数运算分母实数化的重要作用。

【3.3.1 练习题】

1. 什么是虚数？虚数的单位是什么？
2. 化简 i^{136} 和 i^{88}。
3. 两个复数相等的条件是什么？复数为 0 的条件是什么？
4. 试比较 3+5i 和 3-5i 的大小。
5. 复数 A=8-6i 的共轭复数是多少？

3.3.2 复数的表示

1. 代数式

复数的代数式为 $a+bi$ 或者 $Z=a+bi$。

2. 矢量式（几何表示）

复数 $Z=x+yi$ 与有序实数对 (x,y) 成一一对应，这使我们想到平面笛卡儿坐标系。如果把有序实数对 (x,y) 作为平面上的一点，并建立一个笛卡儿坐标系，并将其横轴（X 轴）称为实轴，其单位为 1，将其纵轴（Y 轴）称为虚轴，其单位为 i，把由实轴和虚轴能确定的平面称为复平面，则可将复数与复平面上的点一一对应起来。复平面上的每一个点都可以表示且只能表示一个复数，反之，一个复数总可以在复平面上找到一点且仅此一点来表示。这就是复数的几何表示，如图 3-23 所示。

复数 $Z=x+yi$ 也可以用复平面上的矢量 $\overrightarrow{OP}$ 表示，将图 3-23 中的 O,P 两点连接起来，则线段 OP 就可以看做有向线段，其起点为 O，终点为 P，记作矢量 $\overrightarrow{OP}$，如图 3-24 所示。矢量有两个重要的属性：长度和方向。在图 3-24 中，把 $\overrightarrow{OP}$ 的长度定义为 Z 的模（绝对值），记作 r，则有

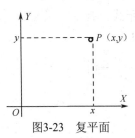 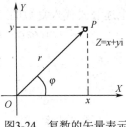

图3-23 复平面   图3-24 复数的矢量表示

$$r=\sqrt{x^2+y^2}$$

把 $\overrightarrow{OP}$ 与实轴正方向的夹角定义为复数 Z 的幅角,记作 φ,则有

$$\tan\varphi=\frac{y}{x}$$

对复平面上的矢量 $\overrightarrow{OP}$ 来说,任何一个复数都可以用复平面上的一个矢量来表示。反之,复平面上的任何一个矢量都可以用来表示一个复数。同样,它们之间也存在一一对应关系,这就是复数的矢量表示。

3．三角式

如图 3-24 所示,有

$$\begin{cases} x=r\cdot\cos\varphi \\ y=r\cdot\sin\varphi \end{cases}$$

则

$$\begin{aligned} Z&=x+y\mathrm{i} \\ &=r\cdot\cos\varphi+r\cdot\sin\varphi\cdot\mathrm{i} \\ &=r(\cos\varphi+\sin\varphi\cdot\mathrm{i}) \end{aligned}$$

这就是复数的三角表示式。

4．指数式

高等数学中,有欧拉公式如下:

$$\begin{cases} \cos\varphi=\dfrac{\mathrm{e}^{\mathrm{i}\varphi}+\mathrm{e}^{-\mathrm{i}\varphi}}{2} \\ \sin\varphi=\dfrac{\mathrm{e}^{\mathrm{i}\varphi}-\mathrm{e}^{-\varphi}}{2\mathrm{i}} \end{cases}$$

将上述公式代入复数的三角表示式，有
$$Z = r(\cos\varphi + \sin\varphi \cdot i)$$
$$= r\left(\frac{e^{i\varphi}+e^{-i\varphi}}{2} + \frac{e^{i\varphi}-e^{-i\varphi}}{2i}i\right)$$
$$= re^{i\varphi}$$

这就是复数的指数式。

5．极坐标式

不论是三角式还是指数式，其复数仅与两个变量有关，r 与 φ，因此常常将复数写成 $Z=r\angle\varphi$ 的形式，这种形式称为复数的极坐标式。

复数的这几种表示方式中常用的是代数式，三角式和指数式。而且它们之间是互相转换的，转换的公式是

$$\begin{cases} x = r\cdot\cos\varphi \\ y = r\cdot\sin\varphi \end{cases}$$

$$\begin{cases} r = \sqrt{x^2+y^2} \\ \tan\varphi = \dfrac{y}{x} \end{cases}$$

其中，幅角 φ 的大小与 x,y 的符号有关，关系如下：

$x>0$，$y>0$，φ 在第一象限，$0°<\varphi\leqslant 90°$；
$x<0$，$y>0$，φ 在第二象限，$90°<\varphi\leqslant 180°$；
$x<0$，$y<0$，φ 在第三象限，$180°<\varphi\leqslant 270°$；
$x>0$，$y<0$，φ 在第四象限，$270°<\varphi\leqslant 360°$。

【例 15】 求下列复数的三角式和指数式。

解：（1）$1+i$

$$\begin{cases} r = \sqrt{x^2+y^2} = \sqrt{1+1} = \sqrt{2} \\ \tan\varphi = \dfrac{y}{x} = \dfrac{1}{1} = 1 \quad \varphi = \dfrac{\pi}{4} \end{cases}$$

$$1+i = \sqrt{2}\left(\cos\frac{\pi}{4} + \sin\frac{\pi}{4}\cdot i\right)$$
$$= \sqrt{2}e^{i\frac{\pi}{4}}$$

（2）$-1+\mathrm{i}$

$$r = \sqrt{x^2 + y^2} = \sqrt{1+1} = \sqrt{2}$$

$$\tan\varphi = \frac{1}{-1} = -1 \quad \varphi = \frac{3\pi}{4}$$

$$-1+\mathrm{i} = \sqrt{2}\left(\cos\frac{3\pi}{4} + \sin\frac{3\pi}{4}\cdot\mathrm{i}\right) = \sqrt{2}\mathrm{e}^{\mathrm{i}\frac{3\pi}{4}}$$

（3）$-16\mathrm{i}$

$$\begin{cases} r = \sqrt{x^2+y^2} = \sqrt{0+16^2} = 16 \\ \tan\varphi = \dfrac{y}{x} \quad\quad\quad \varphi = -\dfrac{\pi}{2} \end{cases}$$

$$-16\mathrm{i} = 16\left[\cos\left(-\frac{\pi}{2}\right) + \sin\left(-\frac{\pi}{2}\right)\cdot\mathrm{i}\right]$$

$$= 16\mathrm{e}^{\mathrm{i}\left(-\frac{\pi}{2}\right)}$$

（4）-9

$$r = \sqrt{x^2+y^2} = \sqrt{9^2+0} = 9$$

$$\tan\varphi = \frac{0}{-9} \quad \varphi = \pi$$

$$-9 = 9(\cos\pi + \sin\pi\cdot\mathrm{i}) = 9\mathrm{e}^{\mathrm{i}\pi}$$

【例16】 求下列复数的代数式。

（1）$20\mathrm{e}^{\mathrm{i}120°}$ （2）$5(\cos 53.1° + \sin 53.1°\cdot\mathrm{i})$

解：（1）$20\mathrm{e}^{\mathrm{i}120°}$

$$a = r\cdot\cos 120° = 20\times\cos(180°-60°)$$
$$= 20(-\cos 60°) = 20\times(-0.5) = -10$$
$$b = r\cdot\sin 120° = 20\times\sin(180°-60°)$$
$$= 20\sin 60° = 20\times 0.866 = 17.3$$
$$20\mathrm{e}^{\mathrm{i}120°} = -10+17.3\mathrm{i}$$

（2）$5(\cos 53.1° + \sin 53.1°\cdot\mathrm{i})$

$$a = 5\cdot\cos 53.1° = 3$$
$$b = 5\cdot\sin 53.1° = 4$$
$$5(\cos 53.1° + \sin 53.1°\cdot\mathrm{i}) = 3+4\mathrm{i}$$

【3.3.2 练习题】

1. 将复数代数式转换成三角式和指数式。

   (1) $-3+3i$ (2) $\frac{1}{1}+\frac{\sqrt{3}}{2}i$

2. 将下面复数转换成代数式。

   (1) $40\left(\cos\frac{\pi}{3}+i\sin\frac{\pi}{3}\right)$ (2) $10e^{i30°}$

3.3.3 复数的运算

1. 复数的加减运算

复数的加减运算法则：设 $Z_1=a+bi$，$Z_2=c+di$，则 $Z_1\pm Z_2=(a\pm c)+(c\pm d)i$。

复数的加减运算，其结果仍然为一个复数。

【例17】$Z_1=5+3i$，$Z_2=-4+2i$，求

(1) Z_1+Z_2 (2) $3Z_1-5Z_2$

解： (1) Z_1+Z_2
$$=(5+3i)+(-4+2i)$$
$$=5+3i-4+2i$$
$$=1+5i$$

(2) $3Z_1-5Z_2$
$$=3\cdot(5+3i)-5\cdot(-4+2i)$$
$$=15+9i+20-10i$$
$$=35-i$$

但是，如果复数是以指数式（含三角式，极坐标式）出现的，则不能像代数式那样直接进行实部和虚部系数的相加，这时必须通过公式将指数式转换成代数式才能相加。

【例18】$Z_1=5e^{i\frac{\pi}{3}}$，$Z_2=\sqrt{2}e^{i\frac{\pi}{4}}$，求 Z_1+Z_2，Z_1-Z_2

解： 先将 Z_1，Z_2 转换成代数式表示。

$$Z_1 = 5e^{i\frac{\pi}{3}} = 5 \cdot \left(\cos\frac{\pi}{3} + i\sin\frac{\pi}{3}\right)$$

$$= 5 \cdot \left(\frac{1}{2} + i\frac{\sqrt{3}}{2}\right) = \frac{5}{2} + \frac{5\sqrt{3}}{2}i$$

$$Z_2 = \sqrt{2}\left(\cos\frac{\pi}{4} + i\sin\frac{\pi}{4}\right) = 1 + i$$

（1） $Z_1 + Z_2$

$$= \left(\frac{5}{2} + \frac{5\sqrt{3}}{2}i\right) + (1+i)$$

$$= \frac{7}{2} + \frac{5\sqrt{3}+2}{2}i$$

（2） $Z_1 - Z_2$

$$= \left(\frac{5}{2} + \frac{5\sqrt{3}}{2}i\right) - (1+i)$$

$$= \frac{3}{2} + \frac{5\sqrt{3}-2}{2}i$$

【例 19】 $Z_1 = 18e^{i43°}$，$Z_2 = 6.8 - 4.3i$，求 $3Z_1 - 2Z_2$。

解： 先将 Z_1 转换成代数式（近似到小数点 1 位）

$$Z_1 = 18e^{i43°} = 18(\cos 43° + i\sin 43°)$$

$$\approx 13.2 + 12.3i$$

则

$$3Z_1 - 2Z_2 = 3 \times (13.2+12.3i) - 2(6.8-4.3i)$$
$$= 39.6 + 36.9i - 13.6 + 8.6i$$
$$= 26 + 45.5i$$

初学者往往很容易将 $5e^{i\frac{\pi}{4}} + 3e^{i\frac{\pi}{3}}$ 直接等于 $8e^{i\frac{7\pi}{12}}$。这是错误的。复数的加减运算只能通过其代数式才能进行。

2. 复数的乘除运算

复数的乘法运算和代数式乘法运算一样，先逐项相乘，然后进行整理化简。

【例20】$Z_1 = a+bi$，$Z_2 = c+di$，求 $Z_1 \cdot Z_2$。

解：$Z_1 \cdot Z_2$

$= (a+bi) \cdot (c+di)$

$= ac + adi + cbi + ad(i)^2$

$= (ac-ad) + (ad+cb)i$

复数的除法运算比较复杂，两个复数代数式是不能直接相除的，必须像根式相除那样先进行分母有理化；而对复数来说，是要进行分母实数化处理后再来运算。

分母实数化，就是两个复数代数式相除。先要将分子、分母同乘以分母的共轭复数。如前所述，一对共轭复数相乘其结果是一个实数，这就是分母实数化。

【例21】$Z_1 = 3+5i$，$Z_2 = 1-i$，求 $\dfrac{Z_1}{Z_2}$。

解：分母为 Z_2，其共轭复数为 $1+i$。

$$\frac{Z_1}{Z_2} = \frac{3+5i}{1-i} = \frac{(3+5i)(1+i)}{(1-i)(1+i)}$$

$$= \frac{3+3i+5i-5}{1+1} = \frac{-2+8i}{2} = -1+4i$$

【例22】$Z_1 = 1+i$，$Z_2 = 3+4i$，$Z_3 = 2+5i$，求 $\dfrac{Z_1+Z_2}{Z_2-Z_3}$。

解：原式 $= \dfrac{(1+i)+(3+4i)}{(3+4i)-(2+5i)}$

$$= \frac{4+5i}{1-i} = \frac{(4+5i)(1+i)}{(1-i)(1+i)}$$

$$= -\frac{1}{2} + \frac{9}{2}i$$

由上面两个例子可以看出，用复数的代数式来进行复数的乘除比较烦琐，且容易出错。但如果用指数式来进行乘除则比较简单。

【例23】用指数式来求 $Z_1 \cdot Z_2$，$\dfrac{Z_1}{Z_2}$。

解：（1）$Z_1 \cdot Z_2 = a\mathrm{e}^{i\varphi_1} \cdot b\mathrm{e}^{i\varphi_2} = ab\mathrm{e}^{i(\varphi_1+\varphi_2)}$

(2) $\dfrac{Z_1}{Z_2} = \dfrac{ae^{i\varphi_1}}{be^{i\varphi_2}} = \dfrac{a}{b}e^{i(\varphi_1-\varphi_2)}$

可以看出，两个复数指数式相乘，乘积为其模值相乘，幅角相加。而两个复数指数式相除，商为其模相除，幅角相减。相比代数式简单多了。

【例24】 $Z_1 = 1+i$，$Z_2 = 3+4i$，试用代数式和指数式求

（1）$Z_1 \cdot Z_2$　　（2）$\dfrac{Z_1}{Z_2}$

解：（1）$Z_1 \cdot Z_2$

代数式求解：$Z_1 \cdot Z_2 = (1+i) \cdot (3+4i) = -1+7i = \sqrt{50}e^{i98.13°}$

指数式求解：$Z_1 = 1+i = \sqrt{2}e^{i45°}$

$\qquad\qquad Z_2 = 3+4i = \sqrt{25}e^{i53.13°}$

$\qquad\qquad Z_1 \cdot Z_2 = \sqrt{2}e^{i45°} \cdot \sqrt{25}e^{i53.13°} = \sqrt{50}e^{i98.13°}$

（2）$\dfrac{Z_1}{Z_2}$

代数式求解：$\dfrac{Z_1}{Z_2} = \dfrac{(3+4i)}{(1+i)} \cdot \dfrac{(1-i)}{(1-i)} = \dfrac{7}{2} - \dfrac{1}{2}i = \dfrac{\sqrt{50}}{2}e^{i(-8.13°)}$

指数式求解：$\dfrac{Z_1}{Z_2} = \dfrac{\sqrt{25}e^{i45°}}{\sqrt{2}e^{i53.13°}} = \dfrac{\sqrt{50}}{2}e^{i(-8.13°)}$

3．复数的混合运算

含有加减乘除的运算称为混合运算。在复数的混合运算中，加减运算必须用代数式进行，而在乘除运算的时候，用指数式远比用代数式方便。因此，在复数的混合运算时，经常要进行代数式和指数式的转换。做加减时，要把指数式转换成代数式，而做乘除运算时，又要把代数式化为指数式。这一点是复数运算区别于其他运算的一个显著特点。

【例25】 $Z_1 = 1+i$，$Z_2 = 3+4i$，求 $\dfrac{Z_1 + Z_2}{Z_1 \cdot Z_2}$。

解： $Z_1 = 1+i = \sqrt{2}e^{i45°}$

$\qquad Z_2 = 3+4i = 5e^{i53.13°}$

$$Z_1 + Z_2 = 4 + 5i = \sqrt{41}e^{i51.34°}$$

$$Z_1 \cdot Z_2 = \sqrt{50}e^{i93.13°}$$

$$\frac{Z_1 + Z_2}{Z_1 \cdot Z_2} = \frac{\sqrt{41}e^{i51.34°}}{\sqrt{50}e^{i93.13°}} = \sqrt{\frac{41}{50}}e^{i(-41.79°)}$$

【3.3.3 练习题】

1. 已知 $Z_1=2+3i$，$Z_2=2-i$，求

（1）$Z_1 + Z_2$　（2）$Z_1 - Z_2$　（3）$Z_1 \cdot Z_2$　（4）$\dfrac{Z_1}{Z_2}$

2. 已知 $Z_1 = 10e^{i45°}$，$Z_2 = 4e^{i60°}$，求

（1）$Z_1 \cdot Z_2$　（2）$\dfrac{Z_1}{Z_2}$　（3）$Z_1 + Z_2$　（4）$Z_1 - Z_2$

3. 已知 $Z_1=3+4i$，$Z_2=2+5i$，求

（1）$\dfrac{Z_1 + Z_2}{Z_1 - Z_2}$　（2）$(3Z_1 - 5Z_2)^7$

3.4　正弦交流电路相量运算

3.4.1　正弦量的相量表示

1. 正弦量的相量表示

一个正弦量有三个要素：振幅、频率和初相位。同时也知道，两个同频率的正弦量进行代数运算，其结果仍然为同频率正弦量。但是用代数方式进行运算非常复杂，要进行多次和差化积和积化和差才能得到。那能不能找到一种方法让这种运算简化呢？这就是正弦量的相量运算法。

先了解一下正弦量的相量表示，在一个平面上建立一个笛卡儿坐标系。坐标轴的交点是 O，由 O 引出一条有向线段 OA，记作 $\dot{A}$，$\dot{A}$ 的长度是正弦量 $A\sin(\omega t + \varphi)$ 的振幅 A，$\dot{A}$ 与横轴的夹角为正弦量的初相位 φ。在 $\dot{A}$ 的上方用一逆时针旋转的箭头表示其旋

转的频率 ωt，如图 3-25 所示。这时，$\dot{A}$ 称为正弦量的相量表示。

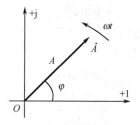

图3-25 正弦量的相量表示

如果把横坐标作为实轴，单位为+1，纵坐标为虚轴，单位为+j，并令 $j=\sqrt{-1}$（它就是在复数中所讲的虚数单位 i，在正弦电路中为了避免与电流 i 混淆，改用 j 代替），该平面就是一个复平面。但是在平面上的线段 $\dot{A}$ 并不表示一个复数，而是一个正弦函数，故把复平面改称相量平面，而把代表正弦函数的 $\dot{A}$ 称为正弦相量，即

$$\dot{A} = A\sin(\omega t + \varphi)$$

如果相量 $\dot{A}$ 在相量平面内以 O 为圆心，OA 为半径，作角速度为 ω 的逆时针旋转运动。并假设 $\dot{A}$ 是从横坐标开始转动的（$\varphi = 0$），把 $\dot{A}$ 的幅值 A 在纵坐标上的投影值随 t 的变化在平面坐标系上描出它的变化图像，这就是一个正弦函数的图像，如图 3-26 所示。

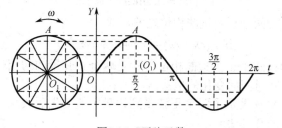

图3-26 正弦函数

如果 A 不同，φ 不同，则正弦函数的图形也不同，而且它们之间有着一一对应关系。

既然正弦相量是参照复数矢量表示而建立的，那么，关于复数的各种表示方式及运算法则对正弦相量也是成立的。有正弦相量 $\dot{A}$ 的表达式为

代数式：$\dot{A} = a + jb$

三角式：$\dot{A} = A(\cos\varphi + j\sin\varphi)$

指数式：$\dot{A} = A \cdot e^{j\varphi}$

极坐标式：$\dot{A} = A\angle\varphi$

它们之间的关系式为 $\begin{cases} a = A\cos\varphi \\ b = A\sin\varphi \end{cases}$

$$\begin{cases} A = \sqrt{a^2 + b^2} \\ \tan\varphi = \dfrac{b}{a} \end{cases}$$

(φ 的大小与 a,b 符号有关)

在上述表示及关系式中，必须注意，幅值 A 和初相位 φ 有实际的物理意义，而 a 和 b 仅是运算过程中所需要的因子，没有任何实际的物理意义。

2. 同频率正弦量的比较——相位差

两个不同频率的正弦量进行比较是没有意义的，而两个同频率正弦量可以进行相位比较。

有两个同频率正弦量 y_1 和 y_2

$$\begin{cases} y_1 = A_1 \sin(\omega t + \varphi_1) \\ y_2 = A_2 \sin(\omega t + \varphi_2) \end{cases}$$

令 φ 为两个正弦量的相位之差，即

$$\varphi = (\omega t + \varphi_1) - (\omega t + \varphi_2) = \varphi_1 - \varphi_2$$

结论：两个正弦量的相位差就是两个正弦量的初相位之差，是一个不随时间而变化的恒量。

相位差 φ 表示了两个正弦量到达最大值的先后关系。它们的比较有下面几种情况：

（1）如 $\varphi > 0$，即 $\varphi_1 > \varphi_2$，y_1 相位超前 y_2 φ 角度，或 y_2 相位滞后 y_1 φ 角度。

（2）如 $\varphi < 0$，即 $\varphi_1 < \varphi_2$，超前与滞后关系和 $\varphi > 0$ 时相反。

（3）如 $\varphi = 0$，即 $\varphi_1 = \varphi_2$，y_1 与 y_2 同相位。

（4）如 $\varphi = 180°$，即 $\varphi_1 - \varphi_2 = \pi$，$y_1$ 与 y_2 反相位。

这些概念在正弦交流电路中经常用到。

3. 旋转因子 j

正弦相量的三角函数表达式为

$$\dot{A} = A(\cos\varphi + j\sin\varphi)$$

比较一下 $\varphi = 0$ 和 $\varphi = \dfrac{\pi}{2}$ 时的情况。$\varphi = 0$，$\dot{A} = \dot{A}_1$；$\varphi = \dfrac{\pi}{2}$ 时，$\dot{A} = \dot{A}_2$，则有

$$\dot{A}_1 = A(1 + 0 \cdot j) = A$$
$$\dot{A}_2 = A(0 + j \cdot 1) = Aj$$

即 $\dot{A}_2 = \dot{A}_1 j$。由图 3-27 可以看出，$\dot{A}_1$ 和 $\dot{A}_2$ 相差 90°，$\dot{A}_1 \cdot j$ 相当于把 $\dot{A}_1$ 逆时针旋转了 90°。同理 $\dot{A}_1(-j)$ 相当于把 $\dot{A}_1$ 顺时针旋转了 90°。实际上，任一相量乘以 +j 后，相当于把该相量逆时针旋转 90°，而乘以（−j）后，相当于把该相量顺时针旋转 90°。因此，因此把 ±j 称为相量旋转 90°的旋转因子。

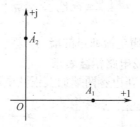

图3-27 旋转因子j示意图

【3.4.1 练习题】

1. 某正弦量表达式为 $I = 20\sin\left(2t - \dfrac{\pi}{3}\right)$，试写出相位超前它 45°和相位滞后它 60°的正弦量表达式。

2. 当把正弦量表示为 $a+jb$ 时，a 和 b 表示什么意义？为什么？

3.4.2 R、L、C 的正弦交流电路相量表示

1. 纯电阻 R 正弦电路相量表示

在直流电路，基本电路元件为电阻 R，电容在直流电路中相当

于开路,而电感线圈则相当于短路,所以不去考虑它们的作用,但是在正弦交流电路中,R、L、C 都是作为基本元件而起到作用的。

在正弦交流电路中,如果在 R、L、C 两端加上正弦交流电压 u,那么在它们中所产生的电流 i 是什么样的波形,与所加电压是什么关系呢?下面分别给予讨论。

如图 3-28 所示,在电阻 R 上加以正弦交流电压,$u=U_\mathrm{m}\sin\omega t$,根据电路欧姆定律,其所产生电流 i 为

$$i = \frac{u}{R} = \frac{U_\mathrm{m}\sin\omega t}{R} = \frac{U_\mathrm{m}}{R}\sin\omega t = I_\mathrm{m}\sin\omega t$$

由上式可得结论:
(1) 电流和电压是同频率正弦量。
(2) 电流和电压初相位相同,为同相位正弦量。
(3) 电压和电流的大小关系为

$$I_\mathrm{m} = \frac{U_\mathrm{m}}{R} \quad 即 \quad \frac{U_\mathrm{m}}{I_\mathrm{m}} = R$$

电阻 R 表示其阻碍电流通过的能力,这一点和直流电路一样。

2. 纯电容 C 正弦电路相量表示

如图 3-29 所示,在电容两端加上正弦电压,$u=U_\mathrm{m}\sin\omega t$。

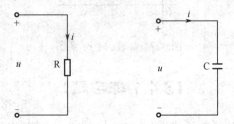

图3-28 纯电阻交流电路   图3-29 纯电容交流电路

由物理学可知,电容 C 的电流与其两端电压的关系是一个微分关系,即

$$i = C\frac{\mathrm{d}u}{\mathrm{d}t}$$

代入 $u=U_\mathrm{m}\sin\omega t$,得

$$i = C\frac{d(U_m \sin \omega t)}{dt}$$

$$= CU_m \omega \sin(\omega t + 90°)$$

$$= I_m \sin(\omega t + 90°)$$

由上式可得结论:
(1) 电流和电压是同频率正弦量。
(2) 电流的相位超前电压相位 90°,或者电压相位滞后电流 90°。
(3) 电压和电流的大小关系是

$$I_m = \omega C U_m \text{ 或者 } \frac{U_m}{I_m} = \frac{1}{\omega C}$$

令 $x_C = \dfrac{1}{\omega C} = \dfrac{1}{2\pi f C}$,称 x_C 为电容 C 的容抗。其含义和电阻类似,表示电容 C 阻碍电流通过的能力,其单位为

$$欧姆(\Omega) = \frac{1}{频率(Hz) \times 电容(F)}$$

如果把电流电压的相位考虑进去,并结合相量旋转因子知识,则电容的两端电压和电流的相量形式可表示为

$$\frac{\dot{U}_m}{\dot{I}_m} = -jx_C = -j\frac{1}{2\pi fc}$$

式中,x_C 为 $\dot{U}_m$ 和 $\dot{I}_m$ 大小的比值;-j 表示电压 $\dot{U}_m$ 滞后电流 $\dot{I}_m$ 90°;$-jx_C$ 既表示两端电压和电流的大小关系,也表示两者的相位关系。

3. 纯电感 L 正弦电路相量表示

如图 3-30 所示,在电感线圈中加一正弦交流电流 $i = I_m \sin \omega t$。

由物理学可知,电感两端产生的电压与流过的电流也是一个微分关系,即

$$u = L\frac{di}{dt}$$

代入 $i = I_m \sin \omega t$,可得

图 3-30 纯电感交流电路

$$u = L\frac{\mathrm{d}(I_\mathrm{m}\sin\omega t)}{\mathrm{d}t}$$
$$= L\cdot\omega I_\mathrm{m}\sin(\omega t + 90°)$$
$$= U_\mathrm{m}\sin(\omega t + 90°)$$

由上式可得结论：
（1）电压和电流为同频率正弦量。
（2）电压的相位超前电流90°，或者电流滞后电压相位90°。
（3）电压和电流的大小关系是

$$U_\mathrm{m} = \omega L I_\mathrm{m} \text{ 或者 } \frac{U_\mathrm{m}}{I_\mathrm{m}} = \omega L$$

令 $x_\mathrm{L} = \omega L = 2\pi fL$，称 x_L 为电感 L 的感抗，其含义也是电感 L 阻碍电流通过的能力。其单位是

欧姆（Ω）= 频率（Hz）×电感（H）

同样，同时考虑其大小和相位关系，则电感电流与两端电压的相量形式可表示为

$$\frac{\dot{U}_\mathrm{m}}{\dot{I}_\mathrm{m}} = \mathrm{j}x_\mathrm{L} = \mathrm{j}2\pi fL$$

式中，x_L 为 $\dot{U}_\mathrm{m}$ 与 $\dot{I}_\mathrm{m}$ 的大小的比值，j 表示电压相位超前电流90°。

4．相量欧姆定律

对单一元件 R、L、C 的正弦交流电路分析说明，只要加在元件两端的电压是一个正弦量，其所产生的电流也是一个同频率的正弦量。这样，就可以用电压相量和电流相量来表示它们了。经过分析，还发现，它们有一个共同特点，即电压相量与电流相量的比值，如果用一个复数来表示，那么这个复数既表示了电压和电流的大小关系，也表示了电压和电流之间的相位关系。我们用符号 Z 表示这个复数，取名为阻抗。这样 R、L、C 这三种基本电路元件的电流电压关系的相量形式就可以统一写成：

$$\frac{\dot{U}_\mathrm{m}}{\dot{I}_\mathrm{m}} = \frac{\dot{U}}{\dot{I}} = Z$$

该式与欧姆定律形式相似，称为相量的欧姆定律。一般在正弦交流电路中，用 U_m、I_m 表示正弦量的幅值，用 U、I 表示正弦量的有

效值，它们之间存在固定的 $\sqrt{2}$ 关系。下面统一用有效值参与正弦量的相量运算。

阻抗 Z 在不同的元件中，其具体表示也不同，如图 3-31 所示，把 R、$-j\dfrac{1}{\omega C}$ 和 $j\omega L$ 称为元件的相量模型。

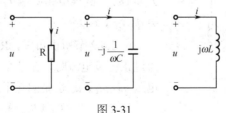

图 3-31

建立了元件的相量模型后，所有的直流电路的定律、定理及各种公式的形式都可以应用到正弦交流电路中，只不过在具体的运算过程中，直流电路是普通的代数运算，而正弦交流电路是相量运算。

表 3-5 列出了 R、L、C 的阻抗表示及电压、电流的相量关系式。

基本电路元件 R、L、C 的相量模型及相量关系式是正弦交流电路相量运算的基础。

表 3-5 R、L、C 相量关系式

元件	阻抗 Z	相量关系式
R	$\dot{R}$	$\dot{U}_m = R\dot{I}_m$
C	$-jx_C = -j(1/2\pi fC)$	$\dot{U}_m = -jx_C \dot{I}_m$
L	$jx_L = j2\pi fL$	$\dot{U}_m = jx_L \dot{I}_m$

【3.4.2 练习题】

1. 白炽灯可视为纯电阻电路。一个额定电压为 220V，额定功率为 60W 的白炽灯接在 215V，50Hz 的交流电上，求流过灯泡的电流。

2. 日光灯镇流器可视为纯电感电路，某镇流器加上 180V，50Hz 的电压后，通过它的电流为 0.35A，试求镇流器的感抗及电感。

3.4.3 R、L、C 串联电路正弦相量运算

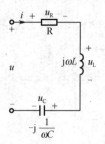

图 3-32 RLC 串联正弦交流电路

图 3-32 所示为 R、L、C 三个元件相串联的正弦交流电路,如果在电路中输入一正弦量电流 $i = I_m \sin \omega t$,试求电路两端电压 u 的正弦量表达式。

由 3.4.2 节所讲可知,R、L、C 元件流过正弦量电流时,在各个元件所产生的电压 u_R、u_L、u_C 也是同频率正弦量,且有

$$u = u_R + u_L + u_C$$

三个同频率正弦量相加,其结果仍然为同频率正弦量,这样,电路中各处的电压、电流均为同频率正弦量,整个电路计算可以利用正弦相量运算进行。

设电流 $\dot{I} = I \angle 0°$

有
$$\dot{U} = \dot{U}_R + \dot{U}_L + \dot{U}_C$$
$$= \dot{I}R + j\omega L\dot{I} + \left(-j\frac{1}{\omega C}\right)\dot{I}$$
$$= \dot{I}\left(R + j\omega L - j\frac{1}{\omega C}\right)$$
$$= \dot{I}\left[R + j\left(\omega L - \frac{1}{\omega C}\right)\right]$$

令 $Z = R + j\left(\omega L - \dfrac{1}{\omega C}\right)$ 称为电路的复阻抗。其实数部分 R 为电阻值,而其虚数部分 $\left(\omega L - \dfrac{1}{\omega C}\right)$ 是电路的电抗,因为它是一个复数,可以转化成极坐标形式

$$Z = R + j\left(\omega L - \frac{1}{\omega C}\right) = |Z| \angle \varphi$$

写成正弦量表达式为

$$Z = |Z| \sin(\omega t + \varphi)$$

那么 Z 与 R、L、C 元件的阻抗是什么关系呢?把三个元件的

阻抗都画成电阻形式（主要是与直流电路对比），如图3-33所示。

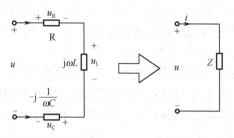

图3-33 复阻抗Z的等效含义

从电路的端口看过去，复阻抗 Z 是三个阻抗相串联的等效阻抗，即

$$Z = Z_R + Z_L + Z_C$$
$$= R + j\omega L + \left(-j\frac{1}{\omega C}\right)$$
$$= R + j\left(\omega L - \frac{1}{\omega C}\right)$$

结论与前面分析相同。这个分析很重要，它为我们提供了一个正弦交流电路的相量分析方法。

3.4.4 正弦交流电路相量运算的步骤

上面介绍了单一元件交流电路和 R、L、C 串联电路的正弦交流相量分析。但实际电路远比上述电路复杂，对复杂交流电路来说，分析的基本思路仍然是一样的。用相量模型和相量运算对电路各处电压、电流进行求解。这种思路的前提是，电路理论所介绍的两大定律（基尔霍夫电流定律、基尔霍夫电压定律）、电路的所有定理（叠加定理、有源二端网络定理等）和电路的分析方法（支路电流法、网孔法、节点法）均适用于正弦交流电路。

正弦交流电路相量运算的步骤如下所述。

（1）选择一个参考正弦量，一般情况下，令参考正弦量的初相位φ=0。

（2）将电路中各个 R、L、C 元件用其相量模型表示，电路的结构不能改变。

(3) 根据电路理论写出电路中各电流、电压的相量关系式。

(4) 按照正弦交流电路的相量分析方法，对电流电压进行正弦相量运算。

(5) 根据运算结果写出电流、电压的正弦量表达式。

【例26】图3-34所示为RC并联电路，求其等效复阻抗Z。

解：将图3-34转换成图3-35相量模型形式。

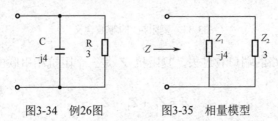

图3-34 例26图　　　图3-35 相量模型

则

$$Z = \frac{Z_1 \cdot Z_2}{Z_1 + Z_2} = \frac{3 \cdot (-j4)}{3 - 4j} = \frac{-j12}{3 - j4} = \frac{12\angle -90°}{5\angle -53°\cdot 13°}$$

$$= \frac{12}{5} \angle -36.87°$$

【例27】各元件值如图3-36所示，设电容支路电流$i_1 = 0.968\sqrt{2}\sin 100\pi t$，求电流$i$和$u$。

解：根据本题条件，先求各元件相量模型（见图3-37）。

因为

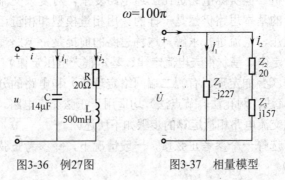

图3-36 例27图　　　图3-37 相量模型

所以

$$Z_1 = -j\frac{1}{\omega C} = -j\frac{1}{100\pi \times 14 \times 10^{-6}} = -j227\Omega$$

$$Z_2 = R = 20\Omega$$

$$Z_3 = j\omega L = j100\pi \times 500 \times 10^{-3} = j157\Omega$$

所以

$$\dot{U} = \dot{I}_1 \cdot Z_1 = 0.968\angle 0° \cdot (-j227)$$
$$= 0.968\angle 0° \cdot 227\angle -90° = 220\angle -90°\text{V}$$

$$\dot{I}_2 = \frac{\dot{U}}{Z_2 + Z_3} = \frac{220\angle -90°}{20 + j157}$$
$$= \frac{220\angle -90°}{158\angle 82.70°} = 1.392\angle -172.7°\text{A}$$

$$\dot{I} = \dot{I}_1 + \dot{I}_2 = 0.968\angle 0° + 1.392\angle -172.7°$$
$$= 0.968 + (-1.381 - j0.176) = -0.413 - j0.176$$
$$= 0.449\angle 156.9°$$

所以

$$u = 220\sqrt{2}\sin(100\pi t - 90°)$$
$$i = 0.449\sqrt{2}\sin(100\pi t - 156.9°)$$

【3.4.4 练习题】

如下图所示电路,已知总电流 $\dot{I} = 18\angle 45°$ A,求 $\dot{I}_1$、$\dot{I}_2$、$\dot{U}$。

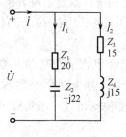

练习题图

第 4 章　数制与码制

学习指导：在这一章中，我们将学习有关数制、码制的基本知识。这些知识贯穿在所有的数字电子技术中，包括工业自动化控制技术，要求大家一定要学好这些基本知识及其应用。

数制的知识要求掌握二、十、十六进制数的表示和它们相互间的转换。码制的知识要求掌握各种码制的特点及其应用。学习这些知识不需要高深的数理知识，初中以上水平就可以理解掌握，只要努力学习就行。

4.1　数制及其转换

4.1.1　数制及其表示

1. 数制三要素

数制就是数的计数方法，也就是数的进位法。在数字电子技术中，数制是必须掌握的基础知识。

数的计数方法的基本内容有两个：一个是如何表示一个数；一个是如何表示数的进位。公元 400 年，印度数学家最早提出了十进制计数系统，当然，这种计数系统与人的手指有关，这也是很自然的事，这种计数系统（就是数制）的特点是逢 10 进 1，有 10 个不同的数码表示数（也就是 0～9 个阿拉伯数字），我们把这个计数系统称为十进制。

十进制计数内容已经包含了数制的三要素：基数、位权、复位和进位。下面我们就以十进制为例来讲解数制的三要素。

表 4-1 是一个十进制表示的数：6505，是一个 4 位数。

1）基数

其中，6、5、0 是它的数码，也称为数符。十进制数有 10 个数符：0～9。我们把这 10 个数符称为十进制数的基数。基数即表示了数制所包含数码的个数，同时也包含了数制的进位，即逢 10 进 1。

N 进制数必须有 N 个数码,逢 N 进 1。每个数位上的数符称为位码。

表 4-1　数制三要素

位	b_3 (MSD)	b_2	b_1	b_0 (LSD)
数	6	5	0	5
位权	10^3	10^2	10^1	10^0
位值	6×10^3	5×10^2	0×10^1	5×10^0

我们把这 4 位数的位分别以 b_0 位、b_1 位、b_2 位、b_3 位表示数码所在的位(即日常所说的个位、十位、百位、千位)。

我们把数制中数最左边的位称为最高有效位(Most Siginfical Digit,MSD)。而把最右边的有效位称为最低有效位(Least Siginfical Digit,LSD)。在二进制中,常常把 LSD 位称为低位,而把 MSD 位称为高位。

2)位权

注意,我们规定最右位(个位)为 b_0 位,然后依次往左为 b_1,b_2…位。我们会发现 b_2 位的位码和 b_0 位的位码虽然都是 5,但它们表示的数值是不一样的。b_2 位的 5 表示 500,b_0 位的 5 只表示 5,为什么呢?这是因为不同的位的位权是不一样的,位权又称为权值。位权是数制的三要素之一,它表示数码所在位的权值。位权一般是基数的正整数幂,从 0 开始,按位递增。b_0 位位权为 10^0,b_1 位位权为 10^1,依此类推。N 进制的 n 位的位权为 N^n。

位权确定后,该位的位值就等于该位的数码乘以该位的位权。如表 4-1 所示,b_2 位的 5 其值就是 $5\times10^2=500$,而 b_0 的 5,其值为 $5\times10^0=5$。所以同样的数码,其位不同,位权不同,位值也不同。

3)复位和进位

在计数时,当数中某一位(如 b_0 位)达到最大数码值时,必须产生复位和进位的运转。当 b_0 数到 9(最大数码)后则 b_0 位会变为 0,并向 b_1 位进 1。

我们把基数、位权、复位和进位称为数制三要素。

一般地说,数制的数值由各位数码乘以位权然后相加得到。

即 $6505 = 6\times10^3 + 5\times10^2 + 0\times10^1 + 5\times10^0$。

上面虽然是以十进制来介绍数制知识的，但是数制的三要素对所有的进制都是适用的。

一个 N 进制的 n 位数，则基数为 N，有 N 个不同的数码，逢 N 进 1，其位权由 LSD 位（b_0）到 MSD 位（b_{N-1}）分别为 N^0 到 N^{n-1}。当某位计数到最大数码时，该位复位为最小数码，并向上一位进 1。而其数值为：

$$数值 = b_{n-1}\times N^{n-1} + b_{n-2}\times N^{n-2} + \cdots + b_1\times N^1 + b_0\times N^0$$

2．二、十、十六进制数

1）二进制数

二进制数基数为 2，有 2 个不同的数码，逢 2 进 1，其数码为 0、1。

既然十进制已经用了两千多年，而且也很方便，为什么还要提出二进制呢？这实际是数字电子技术发展的必然。因为在脉冲和数字电路中，所处理的信号只有两种状态：高电位和低电位，这两种状态刚好可以用 0 和 1 来表示。当我们把二进制引入数字电路后，数字电路就可以对数进行运算了，也可以对各种信息进行处理了。可以说，计算机今天能够发挥如此大的作用是与二进制数的应用分不开的。我们要学习数字电子控制技术就必须要学习二进制。

2）十进制数

十进制数基数为 10，有 10 个不同的数码，逢 10 进 1，其数码为 0、1、2、3、4、5、6、7、8、9。

二进制数的优点是只用两个数码，和计算机信号状态相吻合，可直接被计算机利用。缺点是表示同样一个数，它需要用到更多的位数。太多的二进制数数位使得阅读和书写都变得非常不方便，例如，11000110，你根本看不出是多少，如果是 97，你马上就有了数量大小的概念。因此，在数字电子技术中引入十进制数就是为了阅读和书写的方便。

3）十六进制数

十六进制数基数为 16，有 16 个不同的数码，逢 16 进 1，其数码为 0、1、2、3、4、5、6、7、8、9、A、B、C、D、E、F。

引进十六进制数除了表示数的位数更少、更简约之外，还因为它与二进制的转换极其简单方便,这一点会在数制的转换中讲到。

十六进制数，对了解数字控制器的数据存储器的存储内容最为方便。因为目前各种数据存储器都是按照二进制位的 8 位、16 位、32 位制造的，因此，它们所处理的数据就是 8 位、16 位、32 位作为一个整体来进行的（并行运算）。要描述它们所处理的数据内容，用二进制表示，不但阅读和书写十分不便，而且需进行人机对话，人与人之间交流都非常困难。用十进制描述，虽然对数值处理十分方便，但对非数值处理（字母、代码等处理）同样不方便。而且它不能马上了解二进制数的各个位的状态，而十六进制则不然，它和二进制有着极其简单的对应关系，可以很方便地从十六进制写出二进制数，很快判断出各个二进制位的状态。同时，它转换成十进制数也非常容易。因此，十六进制数在工控技术中得到了广泛应用。

除了上面介绍的二，十，十六进制外。八进制在约 40 年前比较流行，因为当时很多微型计算机的接口是按八进制设计的（三位为一组），然而今天已经用得不多了。目前，仅 PLC 上的输入/输出（I/O）接口的编址还在使用八进制。

3．数制中小数部分

上面介绍了数制的整数部分知识，那么小数是如何表示的呢？仍以十进制为例。

表 4-2 表示了十进制的小数 0.3203。同样,小数部分也有其位、位权、位值，也有复位与进位。

表 4-2 小数的数制三要素

位	B_1	B_2	B_3	B_4
.	3	2	0	3
位权	10^{-1}	10^{-2}	10^{-3}	10^{-4}
位值	3×10^{-1}	2×10^{-2}	0×10^{-3}	3×10^{-4}

位:小数的位以 B 表示(以示与整数的位 b 区别)。从小数点后面算起,依次为 B_1、B_2、B_3…位。注意,没有 B_0 位。

位权:小数的位权依次为 N^{-1}、N^{-2}、N^{-3} 等。

位值:和整数部分一样为位码×位权。

小数所表示的数值一样,所有位的位值相加,如表 4-2 中 $0.3203=3\times10^{-1}+2\times10^{-2}+0\times10^{-3}+3\times10^{-4}$。不同的数制,其位码不同、位权不同、位值也不同,但原理是一样的。

4. 数制的表示

本来,N 进制数制的基数 n 个数码是人为随意规定的。但是,目前国际上关于二、八、十、十六进制的基数都已作了明确的规定,见表 4-3。

表 4-3 常用数制数码表示

N 进制	二	八	十	十六
数码	0, 1	0~7	0~9	0~9, A~F

我们发现这 4 个进制的数码有部分是相同的,这就出现了数制如何表示的问题。例如,1101 是二进制、八进制、十进制还是十六进制数呢?因此,很有必要对常用数制的表示做出一些规定。目前业界对这种表示没有统一的规定,完全由资料编写者自己决定,有的用括号加下标来表示,有的加前后缀符号来表示,显得很混乱。表 4-4 中列出了一些常用的表示方法。

表 4-4 常用数制表示方法

N 进制	二进制	十进制	十六进制
电子技术书	$(101)_2$ 或 $(101)_B$	$(101)_{10}$ 或 $(101)_D$	$(101)_{16}$ 或 $(101)_H$
三菱 PLC	B101	K101	H101
西门子 PLC	2#101	10#101	16#101
欧姆龙 PLC	2#101	&101	#101

为了明确区分,本书中采用三菱 PLC 的数制表示方法。在数的前面加上前缀以示区分。例如,B1101 是二进制数,K1101 是十进制数,而 H1101 是十六进制数。

第4章 数制与码制

在 PLC 中,常常用二进制和十六进制来表示代码,而不是数制。这时为了与数据相区别,就在数的后面加上后缀表示,例如,"H30"表示一个数,而 30H 表示"0"的 ASCII 码等。下面所涉及的数制及数制间的转换均采用加前缀 B、K、H 表示,不再说明。

【4.1.1 练习题】

1. 数制的三要素是什么?
2. 数字技术中处理的是几进制数?为什么?
3. 为什么要在数字技术中引起十进制和十六进制数?
4. 八进制数的基数是几?有几个不同的数码?逢几进 1。如果其数码为 0~7,那么八进制数 1234 表示十进制数多少?八进制小数 0.321 表示十进制小数多少?
5. 三菱 PLC 是如何表示二、十、十六进制数的?

4.1.2 数制的转换

在工控技术中,常常要进行不同数制之间的转换,下面仅介绍最常用的二、十、十六数制之间的转换。

1. 二、十六进制数转换成十进制数

十六进制数转换成十进制数前面已经做过初步介绍,一般地说,一个 N 进制数有 n 位整数部分和 m 位小数部分,则其转换为十进制数的公式如下:

十进制值 $= b_{n-1}N^{n-1} + b_{n-2}N^{n-2} + \cdots + b_1N^1 + b_0N^0 + B_1N^{-1} + B_2N^{-2} + \cdots + B_{m-1}N^{-n+1} + B_mN^{-m}$

【例1】试把二进制数 B11011 转换成等值的十进制数。

解:$B11011 = 1\times2^4 + 1\times2^3 + 0\times2^2 + 1\times2^1 + 1\times2^0$
$= K27$

从中可以看出,b_i 为 0 的位,其值也为 0,可以不用加,这样把一个二进制数转换为十进制数只要把位码为 1 的权值相加即可。

【例2】试把十六进制数 H3E8 转换成十进制数。

解:$H3E8 = 3\times16^2 + 14\times16^1 + 8\times16^0 = K1000$

其转换过程和二进制完全一样。

【例3】试把二进制数 H101.101 转换成十进制数。

解：$B101.101 = 1\times2^2+1\times2^0+1\times2^{-1}+1\times2^{-3}$

$= K5.625$

【例4】试把十六进制数 H28.3F 转换成十进制数。

解：$H28.3F = 2\times16^1+8\times16^0+3\times16^{-1}+15\times16^{-2}$

$= 32+8+0.1875+0.05859375$

$= K40.2409375$

当小数进行转换时，会发生位值出现小数位数太多的情况。这时，可根据实际需要近似处理。

2．十进制数转换成二、十六进制数

十进制数转换成二、十六进制数远比二、十六进制数转换成十进制数复杂。其整数部分和小数部分要分开处理。

转换的方法有两种，分别予以介绍。

1）辗转除 N 法：转换原则

整数部分：除 N 取余，逆序排列。

小数部分：乘 N 取整，顺序排列。

【例5】试把十进制数 K200.13 转换成二进制数。

解：整数部分：$200\div2 = 100\cdots0$

$100\div2 = 50\cdots0$

$50\div2 = 25\cdots0$

$25\div2 = 12\cdots1$

$12\div2 = 6\cdots0$

$6\div2 = 3\cdots0$

$3\div2 = 1\cdots1$

$1\div2 = 0\cdots1$

$K200 = B11001000$

小数部分：$0.13\times2 = 0.26$　　整数部分 0

$0.26\times2 = 0.52$　　整数部分 0

$0.52\times2 = 1.04$　　整数部分 1

$K0.13 = B.001$

则

$K200.13 \approx B1001000.001$

小数部分按原则应取到乘后为 1.00 为止,但这样二进制数太长了,只能取近似数。

【例6】试把十进制数 K1435.85 转换成十六进制数

解:整数部分:$1435 \div 16 = 89 \cdots 11$(F)

$$89 \div 16 = 5 \cdots 9$$
$$5 \div 16 = 0 \cdots 5$$
$$K1435 = H59F$$

小数部分:$0.85 \times 16 = 13.6$　　整数部分 13(D)

$$0.6 \times 16 = 9.6 \quad \text{整数部分 9}$$
$$0.6 \times 16 = 9.6 \quad \text{整数部分 9}$$
$$K0.85 = H.D99$$

则

$$K1435.85 \approx H59F.D99$$

2)辗转除权法

对于辗转除 N 法,在碰到较大整数时,要除很多次才能给出答案。这就产生了辗转除权法。

辗转除权法,首先要有一张位权表(见表 4-5);然后,将数与表中位权相比,找到一个位权比数稍大的位;则从下一位开始辗转除权,取商留余。

表 4-5　二进制位权表

b_8	b_7	b_6	b_5	b_4	b_3	b_2	b_1	b_0	位
256	128	64	32	16	8	4	2	1	位权
...			b_{14}	b_{13}	b_{12}	b_{11}	b_{10}	b_9	位
...			16384	8192	4096	2048	1024	512	位权

【例7】试把十进制数 K3695 转换成二进制数。

解:将 K3695 与表中位权相比,K4096 比 K3695 稍大,故从 b_{11} 位开始辗转除以位权值,取商留余。

$$3695 \div 2048 = 1 \cdots 1647$$
$$1647 \div 1024 = 1 \cdots 623$$
$$623 \div 512 = 1 \cdots 111$$

$$111 \div 256 = 0 \cdots 111$$
$$111 \div 128 = 0 \cdots 111$$
$$111 \div 64 = 1 \cdots 47$$
$$47 \div 32 = 1 \cdots 15$$
$$15 \div 16 = 0 \cdots 15$$
$$15 \div 8 = 1 \cdots 7$$
$$7 \div 4 = 1 \cdots 3$$
$$3 \div 2 = 1 \cdots 1$$
$$1 \div 1 = 1 \cdots 0$$
$$K3695 = B\ 111001101111$$

【例8】 试把十进制数 K10000 转换成十六进制数。

解：十六进制位权表见表 4-6，与位权相比，K10000 比 K4096 稍大，从 b_4 位开始辗转相除位权值。

表 4-6　十六进制位权表

……	b_5	b_4	b_3	b_2	b_1	位
……	65536	4096	256	16	1	位权

$$50000 \div 4096 = 12（C）\cdots 848$$
$$848 \div 256 = 3 \cdots 80$$
$$80 \div 16 = 5 \cdots 0$$
$$0 \div 1 = 0 \cdots 0$$
$$K50000 = HC350$$

这种方法仅对整数转换比较方便，对小数来说，由于小数的位权值位数太多，很不方便，所以如果小数转换仍然采用乘 N 取整法。

上面介绍的都是用人工转换的。实际应用时，整数的转换比较多，完全可以采用 Windows 软件中的"附件"/"计数器"工具自动进行二、十、十六进制之间的互换。它只能进行整数转换，不能进行小数转换。

3．二、十六进制数互换

二、十六进制转换比较简单，一位十六进制数和四位二进制数正好有一一对应关系。因此，只要依表照写即可。二、十六进制数对应表见表 4-7。

表 4-7 二、十六进制对应表

二进制	0000	0001	0010	0011	0100	0101	0110	0111
十六进制	0	1	2	3	4	5	6	7
二进制	1000	1001	1010	1011	1100	1101	1110	1111
十六进制	8	9	A	B	C	D	E	F

【例9】试把二进制数 B 11010110111.000111 转换成十六进制数。

解：二进制数转换成十六进制数的方法是四位并一位，整数部分高位补 0，小数部分低位补 0，依表写数。

$$\underline{0110}\ \underline{1011}\ \underline{0111}.\underline{0001}\ \underline{1100}$$
$$6\quad B\quad 7\ .\ 1\quad C$$

【例10】试把十六进制数 H3F5D.4A 转换成二进制数。

解：十六进制数转换成二进制数的方法是一位变四位，依数写码。

$$3\quad F\quad 5\quad D\ .\ 4\quad A$$
$$\underline{0011}\ \underline{1111}\ \underline{0101}\ \underline{1101}\ .\ \underline{0100}\ \underline{1001}$$

【4.1.2 练习题】

1．将下面二进制数分别转换成十进制数和十六进制数。
（1）B1011001　（2）B0.101011　（3）B1011.0101

2．将下面十进制数分别转换成二进制数和十六进制数。
（1）K235　　（2）K0.625　　（3）K16.34357

3．将下面十六进制数分别转换成二进制数和十进制数。
（1）H4E5　　（2）H0.8　　　（3）H2A.3

4．将下面八进制数分别转换成二、十和十六进制数。
（1）$(35)_8$　　　（2）$(0.26)_8$

4.1.3 数的运算

数的运算只讨论二、十六进制的加法和减法运算，不讨论乘法和除法运算。

1．二进制数的运算

二进制数加法的运算法则是逢 2 进 1，即 0+0=0，0+1=1，1+1=10。

【例 11】 试计算 B1101+B0111=?

解：

$$\begin{array}{r} 1101 \\ +0111 \\ \hline 10100 \end{array}$$

所以

$$B1101+B0111=B10100$$

二进制数减法的运算法则是借1当2，即 0-0=0，1-0=1，10-1=1。

【例 12】 试计算 B1110-B0111=?

解：

$$\begin{array}{r} 1110 \\ -0111 \\ \hline 0111 \end{array}$$

所以

$$B1110-B0111=B0111$$

2．十六进制数的运算

十六进制数的加减法原则同二进制数，即逢 16 进 1，借 1 当 16。但要记住，十六进制数的 0～9 与十进制数的 0～9 同值，而 A～F 相当于十进制数的 10～15。实际运算时，是先把十六进制数化成十进制数，再进行十进制数运算。如果结果是 10～15，则在答案上写成 A～F。

【例 13】 计算十六进制数加法 HD8+HAC。

解：

$$\begin{array}{r} D8 \\ +AC \\ \hline 184 \end{array}$$

求解过程如下所述。

第一列:H8+HC=K8+K12=K20

K20-K16=K4,H4,进位1

第二列:HD+HA+H1(进位)=K13+K10+K1=K24

K24-K16=K8=H8,进位1

所以

HD8+HAC=H184

【例14】计算十六进制数减法 H84-H2A。

解:

$$\begin{array}{r} 84 \\ -2A \\ \hline 5A \end{array}$$

求解过程如下所述。

第一列:H4-HA=K4-K10,不够减,借1

K16(借1)+K4-K10=K10=HA

第二列:H8-H2-H1(借去)=K8-K2-K1=K5=H5

所以

H84-H2A=H5A

十六进制数减法还有一种算法是先把十六进制数转换成二进制数后,再用二进制数减法相减。但没有上面的直接相减来得简单明了。

【4.1.3 练习题】

试计算:

(1)B10001100+B00111001

(2)B11011001-B01100101

(3)H237+H4F

(4)H1C8-HEA

4.2 编码

4.2.1 十进制码（BCD 码）

在数字系统中，只有两种状态，即 1 和 0，但是用这两种状态组成的二进制数不仅仅可以用来表示数量的大小，也可以表示不同的事物和不同的状态。这种用一组 n 位二进制数码来表示数据、各种字母符号、文本信息和控制信息的二进制数码的集合称为编码。表示的方式不同，就形成了不同的编码。

常用编码有两类：一类是表示数量多少的编码，这些编码常常用来代替十进制数的 0~9，统称为十进制编码，又称为 BCD 码；另一类是用来表示各种字母、符号和控制信息的编码，又称为字符代码。在本节中，我们仅介绍最常用的一种十进制编码——8421BCD 码。

如何在不改变数字系统处理二进制数的特征下，又能在外部显示十进制数字，这就产生了用二进制数表示十进制数的编码——BCD 码。数字 0~9 一共有 10 种状态。三位二进制数只能表示 8 种不同的状态，显然不行。用四位二进制数来表示 10 种状态是有余了，因为四位二进制数有 16 种状态组合，还有 6 种状态没有用上。从四位二进制数中取出 10 种组合表示十进制数的 0~9，可以有很多种方法，因此 BCD 码也有多种，如 8421BCD 码，2421BCD 码，余 3 码等，其中最常用的是 8421BCD 码。

1. 纯二进制码

纯二进制码就是指用二进制数直接表示数量，0 表示 0，1 表示 1，10 表示 2，11 表示 3…，这种表示方法最大的优点是数字系统可以直接应用它。但是在输入和显示的时候很不符合人们使用十进制的习惯。数字一大，更不易人机对话。

2. 8421BCD 码

8421BCD 码是最基本、最常用的一种十进制数的编码方案，习惯上称为 BCD 码。在这种编码方式中，代码中从左到右的每一位中的 1 表示位权 8、4、2、1，所以把这种的编码称为 8421 码。

用四位二进制数来表示一位十进制数的 8421BCD 码码表见表 4-8。从表中可以看出，8421BCD 码实际上就是用纯二进制数的 0～9 来表示十进制数的 0～9。四位二进制数的组合中，还有 6 种组合没有使用，我们称为未用码，又称为伪码，它们是从 1010 到 1111。在实际应用中，伪码是绝对不允许出现在 8421BCD 码的表示中的。

为与纯二进制码相区别，在 8421BCD 码的后面加上后缀表示前面的二进制数是 8421BCD 码。

为了表示一个十进制数，用纯二进制码和 8421BCD 码表示有什么不同呢？下面我们通过一个实例加以说明。

【例 15】试写出十进制数 K58 的纯二进制数表示和 8421BCD 码表示。

解：（1）纯二进制数表示

K58＝B111010

（2）8421BCD 码表示

$$\underset{K58\ =\ 0101}{\underset{0101}{5}}\ \underset{1000\ BCD}{\underset{1000}{8}}$$

【例 16】1001010100000010BCD 表示多少？

解：$\underset{9}{\underline{1001}}\ \underset{5}{\underline{0101}}\ \underset{0}{\underline{0000}}\ \underset{2}{\underline{0010}}\ BCD$

1001 0101 0000 0010 BCD ＝ K9502

除了 8421BCD 码外，十进制数编码常用的还有 2421BCD 码、余 3 码。

3．2421BCD 码

2421BCD 码也是一种有权码，它也是用四位二进制数表示一位十进制数。不过它从左到右的位权是 2、4、2、1。2421BCD 码具有对称性，即 0 与 9、1 与 8、2 与 7、3 与 6 和 4 与 5 的代码均互为反码。

2421BCD 码码表见表 4-8。

4．余 3 码

余 3 码是一种特殊 BCD 码，它是由 8421BCD 码加上 3(B11)

后形成的,所以称为余3码。

余3码的码表如表4-8所列。

表4-8 余3码码表

十进制数	纯二进制码	8421BCD	2421BCD	余3码
0	0000	0000	0000	0011
1	0001	0001	0001	0100
2	0010	0010	0010	0101
3	0011	0011	0011	0110
4	0100	0100	0100	0111
5	0101	0101	1011	1000
6	0110	0110	1100	1001
7	0111	0111	1101	1010
8	1000	1000	1110	1011
9	1001	1001	1111	1100
伪码	—	1010	0101	0000
		1011	0110	0001
		1100	0111	0010
		1101	1000	1101
		1110	1001	1110
		1111	1010	1111

【4.2.1 练习题】

试用8421BCD码、2421BCD码和余3码表示十进制数K3096。

4.2.2 格雷码

定位控制是自动控制的一个重要内容。如何精确地进行位置控制在许多领域里面有着广泛的应用,例如,机器人运动、数控机床的加工、医疗机械和伺服传动控制系统等。

编码器是一种把角位移或者是直线位移转换成电信号(脉冲信号)的装置。按照其工作原理,可分为增量式和绝对式两种。

增量式编码器是将位移产生周期性的电信号,再把这个电信号转换成计数脉冲,用计数脉冲的个数来表示位移的多少,而绝对式编码器则是用一个确定的二进制码来表示其位置,其位置和二进制码的关系是用一个码盘来传送的。

图 4-1(a)所示为一个三位的纯二进制码的码盘。

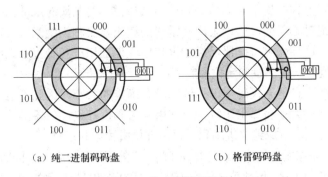

(a)纯二进制码码盘　　　　(b)格雷码码盘

图 4-1　绝对编码器码盘

一组固定的光电二极管用于检测码盘径向一列单元的反射光,每个单元根据其明暗的不同输出相对于二进制数 1 或者 0 的信号电压,当码盘旋转时,输出一系列的三位二进制数,每转一圈,有 8 个二进制数从 000 到 111,每一个二进制数表示转动的确定位置(角位移量)。图 4-1(a)是以纯二进制编码来设计码盘的。但是这种编码方式在码盘转至某些边界时,编码器输出便出现了问题。例如,当转盘转至 001~010 边界时,这里有两个编码改变,如果码盘刚好转到理论上的边界位置,编码器输出多少?由于是在边界,001 和 010 都是可以接受的编码。然后由于机械装配得不完美,左边的光电二极管在边界两边都是 0,不会产生异议,而中间和右边的光电二极管则可能会是 1 或者 0,假设中间是 1 而右边也是 1,则编码器就会输出 011,这是与编码盘所转到的位置 010 不相同的编码,同理,输出也可能是 000,这也是一个错码。通常在任何边界只要是一个以上的数位发生变化时都可能产生此类问题,最坏的情况是三位数位都发生变化的边界,如 000~111 边界和 011~100 边界,出现错码的概率极高。因此,纯二进制编码是不能作为编码器的编码的。

格雷码解决了这个问题。图 4-1（b）为一格雷码编制的码盘。与上面纯二进制码相比，格雷码的特点是任何相邻的码组之间只有一位数位变化。这就大大减少了由一个码组转换到相邻码组时在边界上所产生的错码的可能。因此，格雷码是一种出现错误少的编码方式，属于可靠性编码，而且格雷码与其所对应的角位移量是绝对唯一的，所以采用格雷码的编码器又称为绝对式旋转编码器。这种光电编码器已经越来越广泛地应用于各种工业系统中的角度、长度测量和定位控制中。

格雷码是无权码，每一位码没有确定的大小，因此不能直接进行比较大小和算术运算。要利用格雷码进行定位，还必须经过码制转换，变成纯二进制码，再由上位机读取和运算。

但是格雷码的编制还是有规律的，它的规律是最后一位的顺序为 01、10、01…，倒数第二位为 0011、1100、0011…，倒数第三位为 00001111、11110000、00001111…，倒数第四位为 0000000011111111、1111111100000000 等。

表 4-9 是四位编制的纯二进制码与格雷码对照表。

表 4-9　纯二进制码与格雷码对照表

十进制	二进制	格雷码	十进制	二进制	格雷码
0	0000	0000	8	1000	1100
1	0001	0001	9	1001	1101
2	0010	0011	10	1010	1111
3	0011	0010	11	1011	1110
4	0100	0110	12	1100	1010
5	0101	0111	13	1101	1011
6	0110	0101	14	1110	1001
7	0111	0100	15	1111	1000

格雷码与二进制码之间的转换，具体规则如下所述。

1．将二进制码转换成格雷码

（1）最高位不变。

(2)从左到右,逐一将二进制码相邻两位相加(舍去进位)为格雷码的下一位。

【例17】把二进制码 1011 转换成格雷码。

解:将二进制码用 $b_3b_2b_1b_0$ 表示,格雷码用 $B_3B_2B_1B_0$ 表示,根据转换规则有

$B_3=b_3=1$

$B_2=b_3+b_2=1+0=1$

$B_1=b_2+b_1=0+1=1$

$B_0=b_1+b_0=1+1=0$(舍去进位 1)

则转换后格雷码为 1110。

2. 格雷码转换成二进制码

(1)最高位不变。

(2)高位二进制码加上下一位格雷码作为下一位二进制码(舍去进位)。

【例18】将格雷码 1001 转换成二进制码。

解:仍用 $B_3B_2B_1B_0$ 表示格雷码,$b_3b_2b_1b_0$ 表示二进制码。根据转换规则有

$b_3=B_3=1$

$b_2=b_3+B_2=1+0=1$

$b_1=b_2+B_1=1+0=1$

$b_0=b_2+B_0=1+1=0$(舍去进位)

则转换后的二进制码为 1110。

4.2.3 ASCII 码与字符代码

上面所讨论的纯二进制码、8421BCD 码、格雷码都是用二进制码来表示数值的,事实上,数字系统所处理的绝大部分信息是非数值信息,如字母、符号、控制信息等。如何用二进制码来表示这些字母、符号等,就形成了字符编码。其中 ASCII 码是使用最广泛的字符编码。

ASCII 码是美国国家标准学会制定的信息交换标准代码,包括 10 个数字、26 个大写字母、26 个小写字母及大约 25 个特殊符号

和一些控制码。ASCII 码规定用 7 位或者 8 位二进制数组合来表示 128 种或 256 种的字符及控制码。标准 ASCII 码是用 7 位二进制组合来表示数字、字母、符号和控制码。标准的 ASCII 码码表见表 4-10。

表 4-10 标准 ASCII 码

二进制		000	001	010	011	100	101	110	111
二进制	十六进制	0	1	2	3	4	5	6	7
0000	0	NUL	DLE	SP	0	@	P	、	p
0001	1	SOH	DC1	!	1	A	Q	a	q
0010	2	STX	DC2	"	2	B	R	b	r
0011	3	ETX	DC3	#	3	C	S	c	s
0100	4	EOT	DC4	$	4	D	T	d	t
0101	5	ENQ	NAK	%	5	E	U	e	u
0110	6	ACK	SYN	&	6	F	V	f	v
0111	7	BEL	ETB	'	7	G	W	h	w
1000	8	BS	CAN	(	8	H	X	h	x
1001	9	HT	EM	)	9	I	Y	i	y
1010	A	LF	SUB	*	:	J	Z	j	z
1011	B	VT	ESC	+	;	K	[	k	{
1100	C	FF	FS	,	〈	L	\	l	:
1101	D	CR	GS	-	=	M	]	m	}
1110	E	SO	RS	.	〉	N	↑	n	~
1111	F	SI	US	/	?	O	—	o	DEL

在 ASCII 码表中，有一部分是表示非打印字符的控制字符的缩写词，例如，开始"STX"、回车"CR"、换行"LF"等，也称为控制码。控制码含义如下：

ACK 应答　　　　BEL 振铃　　　　　BS 退格
CAN 取消　　　　CR 回车　　　　　DC1～DC4 直接控制
DEL 删除　　　　DLE 链路数据换码　EM 媒质终止

ENQ	询问	EOT	传输终止	ESC	转义
ETB	传输块终止	ETX	文件结束	FF	换页
FS	文件分隔符	GS	组分隔符	HT	横向制表符
LF	换行	NAK	否认应答	NUL	零
RS	记录分隔符	SI	移入	SO	移出
SOH	报头开始	SP	空格	STX	文件开始
SUB	替代	SYN	同步空闲	US	单位分隔符
VT	纵向制表符				

ASCII 码表有两种表示方法：一种是二进制表示，这是在数字系统中，如计算机、PLC 中真正的表示；另一种是十六进制表示，这是为了阅读和书写方便的表示。

如何通过 ASCII 码表查找字符的 ASCII 码？下面举例加以说明。

例如，查找数字"E"的 ASCII 码，首先在表中找到"E"然后向上、向左找到相应的二进制或十六进制数，如图 4-2 所示。

二进制	十六进制		二进制	
			100	
			4	
			↑	
0101	5	←	E	

图 4-2 ASCII 码的查找

则"E"的 ASCII 码由上面的和左面的二进制数或十六进制数相拼而成。"E"=1000101B 或"E"=45H。为了和二、十六进制数相区别，常常把数制符放在数的后面，即：

"E"=1000100B 或"E"=45H。依此类推，可查到"W"=1010111B 或"W"=57H 等。

【例 19】一组信息的 ASCII 码如下，请问这些信息的内容是什么？

1000011　1001000　1001001　1001110　1000001

解：通过查 ASCII 码表为 CHINA。

标准 ASCII 码表使用 7 位二进制码，但在数字设备中，常常是按字节（8 位二进制数）进行操作的。因此，实际使用中，常在前面增加 0 或留作奇偶校验位用。增加 0 时，则用 2 位十六进制数来表示 ASCII 码比较多见。

【例 20】下面作为一组 ASCII 码，请问内容是什么？

G2H，30H，31H，30H，36H，32H，30H，30H，30H，30H，30H，31H，32H，43H，37H，0DH，0AH

解：经查 ASCII 码码表为"STX" 0 1 0 6 2 0 0 0 0 0 1 2 C 7 "CR" "LF"。

其中"STX"为开始，"CR"为回车，"LF"为换行。具体含义由协议规定。

【4.2.3 练习题】

请指出下面一组 ASCII 码信息的内容是什么？
49H 4CH 6FH 76H 65H 59H 6FH 75H

4.3 数控设备中数的表示

4.3.1 正数与负数

上面所讨论的数制及数都是正数，没有讨论数的符号问题。在数字系统中（如 PLC）不可能只能处理正数，不能处理负数；只能处理整数，不能处理小数。这就涉及数的表示问题。在讨论数的表示之前，先要说明一下二进制数码制及数的码制表示。

在一般运算中，正数用"+"号表示，负数用"−"号表示，如+8，−5…等。一个数只能有两种可能，不是正数就是负数（0 除外），正好是两种对立状态，而数字系统正好有 0 和 1 两种状态，用它来完全可以表示正、负。参照符号一般是在数字的最前面，在数字系统中，把一组二进制数的最高位拿出来作为符号位，最高位为 0，表示后面的二进制数是正数，最高位为 1，表示后面的二进制数为负数。

符号位确定后，正、负数的表示方法又有原码、反码及补码表示。

1. 原码表示

二进制数的原码就是指纯二进制数,把它的最高位作为符号位(0 为正,1 为负),即为二进制数的原码表示。

例如,十进制数为+25,-25 的原码表示如下。

纯二进制数:K25=11001

十进制数: +25 　　　 -25

二进制原码:011001 　 111001

用原码表示,显然,同样位数的二进制数,由于其首位为符号位,后面才是真正的数,因此,与纯二进制数相比,数的范围缩小了。这也是 8 位二进制数正数最大不是 255 而是 127 的原因。原码表示正、负数仅是符号位不同,而后面的数是一样的。原码表示出现了+0 和-0 表示。+0 为 000000,-0 为 100000(以 5 位二进制数为例),+0 不等于-0,给计算机操作带来了很大的麻烦。

2. 反码表示

什么是反码?把原码按位求反(1 变 0,0 变 1)所得的二进制数称为原码的反码。例如,K25 的反码表示如下。

纯二进制码:+25=11001

原码:11001

反码:00110

正、负数的反码表示法是最高位为符号位:0 为正,1 为负。如为正数,则仍用原码表示,如为负数,则用反码表示。下面以+25 和-25 为例。

纯二进制码:+25=11001

十进制数: 　+25　 -25

原码表示: 　011001　　　　111001

反码表示: 　011001　　　　100110

实际上负数的反码是把原码带符号位一起求反得到的。

3. 补码表示

什么是补码?补码就是先把原码求反,然后在 b_0 位加 1,也就是通常所说的"求反加 1"。例如,K25 的补码如下。

纯二进制数:+25=11001

原码：011001

求反：100110

加 1：100111

正、负数的补码表示法是最高位为符号位：0 为正，1 为负，如为正数，仍用原码表示，如为负数，则用原码的补码表示（含符号位）。

纯二进制数：K25=11001

十进制数：+25　　　　　-25

原码表示：0 11001　　　1 11001

反码表示：0 11001　　　1 00110

补码表示：0 11001　　　1 00111

目前，在数字系统中，正数和负数的表示采用补码表示法。补码表示的优点如下所述。

（1）用补码表示，正数和负数互为补码。例如，-25 为 100111，如求其补码。100111 求反为 011000。加 1 后为 011001，正好是+25。

（2）用补码表示，解决了 0 有+0 和-0 两种不同编码的困惑。在补码表示中，0 的表示是唯一的，即全为 0。而在原码和反码表示中，+0 和-0 是两个编码。这样，少了一种表示。例如，4 位二进制数有 16 种组合，应该表示 16 个不同的数，但在原码和反码表示中，却只能表示+7～-7（+0 和-0 为两种表示，只代表 1 个数）共 15 个数。但在补码表示中，可以表示-8～+7 共 16 个数。其中规定 1000 为-8，这也是在 PLC 中，确定数的范围时，负数总比正数多 1 的原因。

如 8 位带符号二进制数：-128～+127；

16 位带符号二进制数：-32768～+32767；

32 位带符号二进制数：-2147483648～2147483647。

（3）补码表示最大的优点是符号位和数值位能一起参与加法运算。若产生进位，则将进位丢弃。不用像原码和反码那样，先要进行符号位判别，然后还要比较大小，还要作进位判别等，使运算电路设计变得十分复杂。而补码表示则不需要做上述处理，从而大大简化了电路设计，运算速度也大大加快，这就是数字系统都采用补码表示的根本原因。

【例21】试用 8 位二进制补码表示计算。

（1）25+18　　（2）25-18　　（3）18-25　　（4）-25-18

解：先写出+25、-25、+8、-8 的补码表示。

　　　+25：　　　00011001
　　　-25：　　　11100111
　　　+18：　　　00010010
　　　-18：　　　11101110

（1）25+18=43
　　　00011001+00010010=00101011（K43）

（2）25-18=25+(-18)=7
　　　00011001+11101110=00000111（K7）
　　　　进位被丢弃

（3）18-25=18+(-25)=-7
　　　00010010+11100111=11111001（K-7）

（4）-25-18=(-25)+(-18)=-43
　　　11100111+11101110=11010101（K-43）
　　　　进位被丢弃

4．几个特殊的补码表示

在补码表示的带符号数中，有几个数的表示要记住，下面以 8 位带符号二进制数为例进行说明。

+127　01111111
+1　　00000001
0　　　00000000
-1　　11111111
-127　10000001
-128　10000000

【4.3.1 练习题】

1．试写出十进制数 K109 和 K-37 的二进制原码、反码和补码表示。

2．在计算机技术中，用补码来表示正数和负数有什么优点？
3．为什么在补码表示中，负数范围要比正数范围多 1？
4．试用 8 位二进制补码表示计算：
(1) 68+22　　(2) 68-22　　(3) 22-68　　(4) -68-22

4.3.2　整数与浮点数

1．定点整数与定点小数

在数控设备中，数的储存是用一个多位二进制整体来进行存储和运算的，常用的有 8 位、16 位和 32 位。用多位二进制码来表示数时，就有了定点整数和定点小数的区别。

定点数是人为地将小数点的位置定在某一位。一般有两种情况：一种是把小数点位置定在最高位的左边，则表示的数为纯小数；另一种是把小数点位置定在最低位的右边，则表示的数为整数。大部分数字控制设备都采用整数的定点数表示，而不采用定点小数的表示。这样，仅有整数运算，而没有小数运算，给数控设备应用带来了很大不便。

2．浮点数（小数）

定点数虽然解决了整数的运算，但不能解决小数运算的问题，而且定点数在运算时总是把相除后的余数舍去，这样经多次运算后就会产生很大的运算误差。定点数运算范围也不够大，16 位运算仅在 -32768～+32767。这些原因都使定点数运算的应用受到了限制，而浮点数的表示不但解决了小数的运算，也提高了数的运算精度及数的运算范围。

浮点数和工程上的科学记数法类似。科学记数法是任何一个绝对值大于 10（或小于 1）的数都可以写成 $a \times 10^n$ 的形式（其中 a 为基数（$1 < a < 10$）。例如，$325 = 3.25 \times 10^2$，$0.0825 = 8.25 \times 10^{-2}$ 等。如果写出原数就会发现，其小数点的位置与指数 n 有关。例如：

$$3.14159 \times 10^2 = 314.159$$
$$3.14159 \times 10^4 = 31415.9$$

就好像小数点的位置随着 n 在浮动。把这种方法应用到数字控制设备中就出现了浮点数表示方法。

浮点数就是尾数（相当于科学记数法的 a）固定，小数点的位置随指数的变化而浮动的数的表示方法。

早期，不同的数字控制设备其浮点数的表示方法也不同。后来，美国电气与电子工程师协会（IEEE）制定的标准也被越来越多的数字系统制造商所采用。其浮点数表示格式又称二进制浮点数（小数）表示法。

二进制浮点数用 32 位二进制整体来表示，在数字系统中，16 位二进制数为一个字（word），32 位为双字。这个 32 位二进制数的浮点数格式如图 4-3 所示。

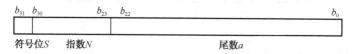

图 4-3 32 位二进制数的浮点数格式

将 32 位二进制分成三部分：符号位 S、指数 N 和尾数 a。

符号位 $S=b_{31}$：表示浮点数正、负的标志位，为 0 表示正数，为 1 表示负数。

指数 N：从 b_{23} 到 b_{30} 其占用 8 位，各位的位权从 b_{23} 开始依次为 $2^0, 2^1, 2^2, \cdots 2^7$。$N= b_{23} \times 2^0 + b_{24} \times 2^1 + \cdots + b_{29} \times 2^6 + b_{30} \times 2^7$。$N$ 的取值范围为 0～255。

尾数 a：从 b_0 到 b_{22} 共占用 23 位。各位的位权从 b_{22} 位开始依次为 $2^{-1}, 2^{-2}, 2^{-3}, \cdots, 2^{-22}, 2^{-23}$，且 $a = b_{22} \times 2^{-1} + b_{21} \times 2^{-2} + \cdots + b_2 \times 2^{-21} + b_1 \times 2^{-22} + b_0 \times 2^{-23}$。

浮点数的数值由下式决定：

$$\text{浮点数} = (-1)^S \cdot (1+a) \cdot 2^{N-127}$$

浮点数的有效数字为 24 位二进制数。对应的十进制数的有效数字位数为 7 位。

浮点数的取值范围为

$$\begin{cases} -3.402823 \times 10^{38} \sim -1.17549 \times 10^{-38} \\ 0 \\ 1.17549 \times 10^{-38} \sim 3.402823 \times 10^{38} \end{cases}$$

浮点数远比定点数复杂得多。其最大的缺点是难以判断它的数值。在 PLC 内部，其运算全部采用浮点数进行。

采用浮点数运算不但可以进行小数运算，而且可以大大提高运算精度和速度，这正是工业控制所要求的。

【例 22】 某浮点数格式如图 4-4 所示，该浮点数为多少？

b_{31}	b_{30}	b_{29}	b_{28}	b_{27}	b_{26}	b_{25}	b_{24}	b_{23}
1	1	0	0	0	0	0	0	1

b_{23}	b_{21}	b_{20}	b_{19}	b_{18}			b_3	b_2	b_1	b_0
1	0	1	0	1	0 0 0	…	0 0	0	0	0

图 4-4 例 22 图

解： $b_{31}=1$，为负数。

指数 $N=2^7 \times 2^0 =129$。

尾数 $a=2^{-1}+2^{-3}+2^{-5}=0.5+0.125+0.03125=0.65625$。

浮点数 $=(-1)^1 \cdot 2^{N-127} \cdot (1+a)$

$\qquad =-(1+0.65625) \times 2^2$

$\qquad =-6.625$

该浮点数为 -6.625。

【4.3.2 练习题】

1. 什么是定点整数？什么是定点小数？大部分数字控制设备采用什么数表示？

2. 什么是浮点数？目前在数字设备中采用的二进制浮点数是如何表示小数的？试举例给予说明。

第5章 逻辑代数及其应用

学习指导：本章主要介绍逻辑代数基本知识及其在 PLC 梯形图设计中的运用，重点是逻辑代数在 PLC 的开关量逻辑控制中的作用。

5.1 基本逻辑运算和公式

5.1.1 概述

"逻辑"本意是人的一种思维方式，是人通过概念、判断、推理和论证来认识世界的一种思维过程。其中有一种逻辑是专门研究客观事物"真"与"假"及其之间关系的知识。1849 年，英国数学家乔治·布尔从数学的角度来研究这种客观事物"真"与"假"之间的推理关系，提出了著名的数学研究方法——布尔代数。

在继电控制和数字控制中，所研究的对象通常只有两种状态，例如，开关的"开"与"关"，线圈的"通"与"断"，脉冲的"高电平"和"低电平"等，都与逻辑中的"真"和"假"相对应。因此把布尔代数应用到开关电路和数字电路中是可以的。美国数学家香农是第一个把布尔代数用于逻辑电路的学者。1938 年，他在对逻辑电路进行分析研究的基础上，发表了题为"继电和开关电路的符号分析"论文。从此，布尔代数就被广泛地应用于解决开关电路和数字逻辑电路的分析与应用。所以也把布尔代数称为开关代数或逻辑代数。

在这一节中，重点介绍逻辑的基本运算关系（与、或、非）及逻辑代数公式，这是整个逻辑代数的基础。

5.1.2 基本逻辑运算

基本逻辑运算是逻辑代数的基础，它有与、或、非三种。这三种关系在电路关系中或梯形图中都可以得到具体的体现。

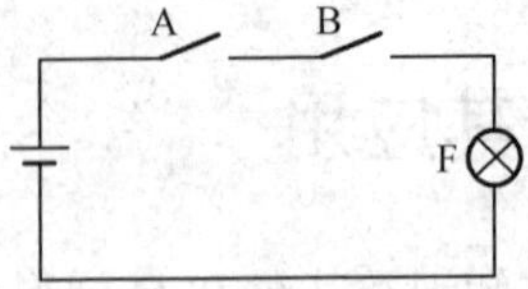

1. "与"逻辑关系

逻辑关系就是指事物的"因"和"果"的关系,即产生原因和发生的结果之间的关系,如图 5-1 所示。

用两个开关控制一个灯。开关 A、B 有两种状态,而灯 F 也有两种状态。如果要灯亮,则两个开关 A、B 必须全部合上才行。也就是说导致灯 F 亮的结果是 A、B 开关都具备合上的条件时,才会发生。这种因果关系在逻辑代数中称为"与"运算。

图 5-1 "与"逻辑

F 与 A、B 的"与"运算关系可以用下面代数式来表示:

$$F = A \cdot B$$

式中,"·"表示 A 与 B 是"与"关系,不是"乘"也不是"点"。这是逻辑关系代数式,可以把 A、B 称为逻辑变量,而把 F 称为逻辑因变量。它们的状态只能有两种,即它们的取值只能是两个值。

2. "或"逻辑关系

"与"逻辑是两个开关串联起来控制灯 F。因此,常把两个开关相串联的关系称为相"与"。如果 A、B 是并联起来控制一个开关,如图 5-2 所示。

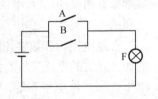

图 5-2 "或"逻辑

可见,A、B 两个开关中只要有一个开关合上,灯 F 就会亮。除非两个开关都断开灯才不亮。这种导致灯亮结果的条件中只要有一个条件具备时,结果就会发生的逻辑因果关系在逻辑代数中称为"或"运算。

F 与 A、B 的"或"运算关系可以用下面逻辑代数式来表示:

$$F = A + B$$

式中,"+"表示 A 与 B 为"或"关系,不是"加"。F 和 A、B 只能有两种取值,把两个开关相关联的关系称为相"或"。

3. "非"逻辑关系

图 5-3 所示为基本逻辑运算中"非"运算的电路实现。当开关合上时,灯 F

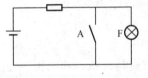

图 5-3 "非"逻辑

短路了,所以灯 F 不亮。而当开关断开时,灯 F 亮,这种灯亮、灯不亮与开关的通、断正好相反,如果把灯亮作为结果,而把开关的通、断作为条件,则这种当条件具备时,结果不会发生,而当条件不具备时,结果发生了的逻辑因果关系在逻辑代数中称为"非"运算。

F 与 A 的"非"运算关系的逻辑代数式为

$$F = \overline{A}$$

A 字上面加一横,表示 A 的"非",即 $\overline{A}$ 的取值一定要与 A 的取值相反。在逻辑运算中,因为只有两种状态,两种取值,因此,这两种取值必须是相反意义的,即互为非。

【5.1.2 练习题】

1. 小王请假三天(事件 F),但须经车间主任同意(条件 A)、人事部经理同意(条件 B)并报总经理批准(条件 C)后方能准假。试求 F 与 A、B、C 之间的逻辑关系表达式。A、B、C 之间与 F 是什么逻辑关系?

2. 小张出差回来报销经费,王副总签字和李总签字均可报销,问王副总签字(条件 A)和李总签字(条件 B)与报销经费(事件 F)之间是什么逻辑关系?试用逻辑表达式表示。

5.1.3 基本逻辑运算表示方法

上面介绍逻辑基本运算时,关于逻辑运算关系的表示仅介绍了逻辑代数式表示。而实际上,逻辑因变量和自变量之间的关系有多种表示方法。这些方法在不同的场合中被经常使用,下面就四种基本逻辑运算关系的表示给以介绍。

1. **逻辑代数式**

逻辑代数式是逻辑运算关系的代数符号表达式。在 5.1.2 节中所给出的表示逻辑关系的式子就是逻辑代数式。基本逻辑运算关系的逻辑代数式如下:

"与"运算 $F = A \cdot B$

"或"运算 $F = A + B$

"非"运算 $F = \overline{A}$

对于"与"和"或"运算的表示,其逻辑表示"·"和"+"已得到普遍认可,对此不再有异议。但对"非"运算,不同的资料和书籍中的表示是不相同的,除了采用$\overline{A}$外,也有采用～A、A'等,但采用$\overline{A}$较多。"$\overline{A}$"读为"A非"或"A反"均可。

2. 逻辑图

逻辑图指用图形符号来表示逻辑运算关系,这是数字集成电路中采用的方法。早期,对图形符号表示是没有统一的符号的。后来美国国家标准学会于1984年制定了关于二进制图形符号的标准,1991年进行了修订。标准规定了两种基本逻辑运算关系的图形符号:一种是矩形轮廓的图形符号,如图5-4所示;另一种是具有特定外形的图形符号,如图5-5所示。

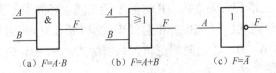

图 5-4 具有矩形轮廓的图形符号

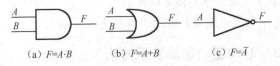

图 5-5 具有特定外形的图形符号

图形符号多数是在数字技术的教材、资料和软件中使用的,用来表示逻辑关系,也可以看成一个电路元件符号(数字集成电路元件)。

3. 真值表

在研究逻辑关系时,不论是条件还是运算结果,它们都只能具备两种状态,而且这两种状态是相反的。例如,开关的"通"和"断",电灯的"亮"和"不亮"。当多个条件组合时,则会因多个条件的状态组合不同,结果也不相同。这时,如果把多个条件的所有状态组合和其结果列成一张表,这就是逻辑功能表。两个开关 A 和 B 与灯 F 组成了一个"与"逻辑关系（见图 5-1），它的逻辑功能表见表 5-1。

表 5-1 "与"逻辑功能表

A	B	F=AB
断	断	不亮
断	通	不亮
通	断	不亮
通	通	亮

由于开关和灯泡都只有两种状态，因此，可以用 0 和 1 来表示这两种不同的状态，并且规定开关 A、B，用 1 表示通，用 0 表示断。灯泡 F，用 1 表示亮，用 0 表示不亮。则逻辑功能表就变成了表 5-2，表 5-2 中列出了三种基本逻辑运算的情况。

表 5-2 三种基本逻辑运算

A	B	AB	A+B	$\overline{A}$
0	0	0	0	1
0	1	0	1	1
1	0	0	1	0
1	1	1	1	0

这种通过列表的方式来描述逻辑运算关系的表格称为逻辑真值表。逻辑真值表是将输入逻辑变量的所有状态组合与其对应的输出逻辑变量的状态逐个列举出来所形成的表格。因此，真值表具有唯一性。它真实地反映了输入变量取值（表示状态的 0 和 1）和输出变量取值（0 和 1）之间的关系。真值表是描述逻辑功能的一种重要方法，在组合电路的逻辑设计中经常用到它。

真值表的编制也非常简单，直接根据实际控制要求向表中各个输入、输出变量赋值即可。由真值表转换成逻辑代数表达式也不困难，其有规定的方法和步骤。真值表的缺点是，当输入变量较多时，表格的编制量很大，n 个输入变量有 2^n 个组合。所以，对 4 个变量以下较实用。

4．脉冲波形图

基本逻辑运算关系也可以通过脉冲信号波形来表示它的逻辑功能。脉冲信号是一个只有高电平和低电平两种状态的矩形波。如果把其高电平当作 1，低电平当作 0，则输入/输出的逻辑对应关系则可以用脉冲波形来表示。

图 5-6 是基本逻辑运算的脉冲波形图。和真值表一样，当用脉冲波形来表示逻辑运算功能时，也必须将所有的状态组合画出来。

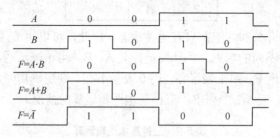

图 5-6　脉冲波形图

5.1.4　逻辑代数基本定律和公式

1．逻辑代数基本定律

逻辑代数基本定律是指由基本逻辑运算与、或、非所引导出的定律。

先看逻辑与，由真值表可知：
$$0 \cdot 0 = 0, \quad 0 \cdot 1 = 0, \quad 1 \cdot 0 = 0, \quad 1 \cdot 1 = 1$$
其规律是见 0 为 0，全 1 为 1。注意，这里的 1 和 0 不是二进制数的 0 和 1，而是逻辑运算关系中的两种状态。当输入变量由 A，B 扩展到多个时，$F = A, B, C\cdots$，其规律仍然成立。

再看逻辑或，由真值表可知：
$$0 + 0 = 0, \quad 0 + 1 = 1, \quad 1 + 0 = 1, \quad 1 \cdot 1 = 1$$
其规律是见 1 为 1，全 0 为 0。对多个输入变量来说，其规律仍然成立。

对逻辑非，有

$$\overline{1}=0,\ \overline{0}=1$$

其规律是 0 反为 1，1 反为 0。这个规律说明了逻辑变量的双值性，即逻辑变量只能取 1 或取 0，不存在第三种取法。

基本逻辑运算规律可推导出如下逻辑代数基本定律。

（1）0-1 律：$A \cdot 0 = 0$，$A + 1 = 1$

（2）自等律：$A \cdot 1 = A$，$A + 0 = A$

（3）重叠律：$A \cdot A = A$，$A + A = A$

（4）互补律：$A \cdot \overline{A} = 0$，$A + \overline{A} = 1$

（5）还原律：$\overline{\overline{A}} = A$

这些逻辑代数基本定律都可以通过基本逻辑运算规律得到证明。

2．逻辑代数基本公式

除了上面的逻辑代数基本定律外，下面的公式为逻辑代数基本公式。

（1）交换律：$A \cdot B = B \cdot A$，$A + B = B + A$

（2）结合律：$A(BC) = (AB)C$，$A + (B + C) = (A + B) + C$

（3）分配律：$A(B + C) = AB + AC$，$A + (BC) = (A + B)(A + C)$

（4）吸收律：$A + AB = A$，$A(A + B) = A$

（5）等同律：$A + \overline{A}B = A + B$，$A(\overline{A} + B) = A + B$

这些逻辑代数基本定律都可以通过基本运算规律得到证明，也可以利用真值表法来证明。

【例 1】 利用真值表法证明：

$$A + A \cdot B = A \qquad A + \overline{A}B = A + B$$

解： 真值表法就是把等式两边的 A、B 值用 0 和 1 代入，分别求出后，观察是否一样。如果在所有状态组合下都一样，就说明等式成立。

如当 $A=1$，$B=0$ 时，有

$$A + AB = 1 + 1 \cdot 0 = 1 + 0 = 1$$
$$A + \overline{A}B = 1 + 0 \cdot 0 = 1 + 0 = 1$$
$$A + B = 1 + 0 = 1$$

如此计算，得出真值表（见表 5-3），由该表可知等式成立。

3. 摩根定律

在逻辑代数中，有两条定律特别重要，它们是逻辑代数变换的强有力的工具。由于该定律是由与布尔同时代的数学家摩根提出的，所以又称摩根定理。

表 5-3　真值表

A	B	A+AB	A+$\bar{A}$B	A+B
0	0	0	0	0
0	1	0	1	1
1	0	1	1	1
1	1	1	1	1

（1）逻辑变量与运算后等于各个逻辑变量取反后的或运算，即

$$\overline{A \cdot B} = \bar{A} + \bar{B}$$

（2）逻辑变量或运算后取反等于各个逻辑变量分别取反后再进行与运算，即

$$\overline{A + B} = \bar{A} \cdot \bar{B}$$

上面两条定理也称反演律，它也适用于多个变量的情形，如

$$\overline{A \cdot B \cdot C} = \bar{A} + \bar{B} + \bar{C}$$

$$\overline{A + B + C} = \bar{A} \cdot \bar{B} \cdot \bar{C}$$

4. 逻辑代数基本规则

逻辑代数除了上面的基本定律、公式外，还有一些基本规则，仅将代入规则介绍如下。

在一个含有逻辑变量 A 的等式中，如果将 A 出现的位置全都用同一个逻辑代数式代替，则等式仍然成立。

例如，A+AB=A，如果 A 用 A+C 代替，则等式(A+C)+ (A+ C)·B =A+C 仍然成立，这一点和普通代数类似。

除了代入规则外，还有反演规则和对偶规则，这里不作介绍。读者可参考相关资料。

【5.1.4 练习题】

试用真值表法证明摩根定理。

5.2 逻辑函数

5.2.1 逻辑函数简介

1. 逻辑函数

如果以逻辑变量作为输入，以逻辑运算结果作为输出，即当输入变量的取值确定后，输出的取值便随之确定。这种输出与输入之间的关系也是一种函数关系。这种函数关系称为逻辑函数，记作

$$F=f\ (A,B,C\cdots)$$

由于输入变量和输出的取值只能是 0 或 1 两种状态，因此，逻辑函数是一种二值函数。在工控技术中，数字电路是一种开关电路，只有两种状态。因此，逻辑函数是描述数字电路的最好数学方法。

由前面所介绍的基本逻辑运算关系可以看出，如果把逻辑非用逻辑变量上面加一横也作为一个变量来表示，则全部逻辑运算就只剩下"与"和"或"，因此，在逻辑函数表达式中，全部由"·"和"+"组合而成。

以下就是逻辑函数区别于普通代数函数的两大特点：
（1）只能取值为"0"或"1"两种状态。
（2）只有"与"（·）和"或"（+）两种运算方法。

在数字集成电路中，会出现三态门电路。它出现了除了 0 和 1 之外的第三态——高阻态。实际上这个第三态为一种使能信号，它不是逻辑信号，是对信号传输的控制，当使能信号有效时，输入信号的变化不会送到输出端，这时，输出端既不是 1，也不是 0，而是浮动在 0 和 1 之间的任意电压上，此时，输出端就好像一根断开的导线。因此，在分析电路的逻辑关系时，可以不考虑这个第三态。

2. 逻辑函数的表示

常用的逻辑函数表示方法有逻辑代数表达式、逻辑真值表、逻辑图和卡诺图表示法。前面三种方法已做过简单介绍，这里仅

做一些补充。而卡诺图表示方法将在 5.2.2 节详细讲解。

1) 逻辑代数表达式

逻辑代数表达式是把逻辑变量写成代数表达式,例如:

$$F = \overline{ABC} + \overline{AB}D + \overline{BCD}$$

式中,A、B、C、D 是逻辑变量,而"·"、"+"和求反为逻辑运算符。F 是逻辑变量 A、B、C、D 的逻辑函数。它们的逻辑关系由等式右边的逻辑代数式给出。

逻辑代数表达式区别于普通代数式的一个特点是变量和变量之间的运算只有"与"(·)和"或"(+),以普通代数来看,它只有乘和加,没有任何其他运算符号了。所以也把逻辑代数表达式称为乘积项表示。

逻辑代数表达式的特点是简单、清楚,特别适合计算机处理和自动化设计。当逻辑变量较少时,人工处理还是方便的。

2) 逻辑真值表

真值表是将输入变量的所有可能的取值与函数所有可能的输出取值对应列成的表格。它的最大优点是能够直接观察到输出与输入之间的逻辑关系。

真值表可以直接从逻辑代数式得到,也可以直接从逻辑图获得,还可以从逻辑控制描述等方式中获得。

3) 逻辑图

逻辑图是用图形符号表示逻辑函数变量之间的关系。在数字电路技术中,图形符号不但表征了变量之间的关系,还是一个电路元件(数字集成电路)的符号。因此,除了三种基本逻辑运算的图形符号外,还诞生了许多其他复合逻辑运算的图形符号。图 5-7 画出了几种常用的逻辑运算的图形符号及它们的名称和逻辑代数式。

而复杂的逻辑功能则是由这些基本的图形符号相连而成的,如图 5-8 所示为一半加器的逻辑图表示。

由图 5-8 得到输出 F 和 C 的逻辑代数式为

$$F = \overline{AB} \cdot (A + B)$$

$$C = \overline{\overline{AB}} = AB$$

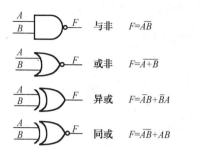

图 5-7 常用的逻辑运算

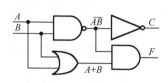

图 5-8 半加器的逻辑图表示

给出其真值表见表 5-4。从真值表可以看出，F 为 A、B 相加输出，C 为进位输出。

表 5-4 真值表

A	B	$F=(A+B) \cdot \overline{AB}$	$C=AB$
0	0	0	0
0	1	1	0
1	0	1	0
1	1	0	1

3. 逻辑函数各种表示方法之间的转换

同一种逻辑函数可以用上面所介绍的不同的方法来表示，那么这几种方法之间能否互相转换呢？答案是肯定的。它们之间可以互相转换，常用的转换方式有下面几种：

（1）由真值表写出逻辑函数代数式。这个转换比较重要，将在 5.3 节中给予讲解。

（2）由逻辑代数式列出真值表。这个转换比较容易，将逻辑变量的所有组合状态逐个代入逻辑代数式中计算出函数值填入表中即可。

（3）由逻辑代数式画出对应的逻辑图或逻辑电路图。直接用图形符号代替逻辑代数式中的运算符号，就可以画出逻辑图。

（4）由逻辑图写出逻辑代数式。有两种方法可以使用，可以由输入端逐级写出每个图形的表达式，最后写出输出函数的代数表达式。也可以由输出端向输入端逐级写出表达式。

【5.2.1 练习题】

1. 逻辑函数的特点是什么?
2. 逻辑函数的表示有几种方式?它们之间能够转换吗?

5.2.2 逻辑函数的卡诺图表示

1. 卡诺图及其构成

1) 什么是卡诺图

1953年,美国工程师莫里斯·卡诺提出了用一种方格图形的方式来表示逻辑函数,这种图形命名为卡诺图。

卡诺图是一种含有方格的表格,和真值表相似,它包含了输入变量的所有可能取值的组合(即最小项)及其相应输出结果。而卡诺图的表格形成和顺序与真值表完全不同。但卡诺图与真值表有严格的一一对应关系。

卡诺图的优点是用几何相邻图形直观地表示了逻辑函数的各个最小项在逻辑上的相邻关系,以便对逻辑函数进行化简,其用于求逻辑函数的最简与或表达式。因此,卡诺图是简化逻辑函数强有力的工具,是手工进行逻辑函数化简的重要途径。

卡诺图的缺点是只适用于逻辑变量较少的逻辑函数的化简,一般在五个变量以下。目前,逻辑的化简基本上已由软件自动完成,不再由手工方式进行。但通过对卡诺图的学习,对一些少变量逻辑函数的化简仍然可行实用。另外,也可以加深对自动化优化技术的理解。

2) 卡诺图的构成

在讲解卡诺图的构成之前,要先了解一下逻辑函数"与或表达式"和"最小项"的知识。

逻辑函数的一个重要特点是,如果把变量的"非"也视为逻辑变量的话,即 A 和 $\overline{A}$ 都作为变量看待,那么逻辑函数就是由与和或这两种运算构成的。由"与"和"或"组成的逻辑表达式又分为两种表达方式:一种是与或表达式,它的特点是各个变量是先与再或，例如，$F = AB\overline{C} + \overline{A}BC + B\overline{C}$，它的运算顺序是先进行各个项的与，再进行项与项之间的或。

另一种是或与表达式，它的特点是各个变量先或后与，例如，$F = (A + \overline{B}) \cdot (A + B + C) \cdot (\overline{A} + B + \overline{C})$，它的运算顺序是先进行括号内的或，再把或的结果相与。

这两种表达式对同一逻辑函数来说，相互间可以进行转换。卡诺图主要是针对与或表达式的化简。那么，什么是逻辑函数的最小项？在真值表和卡诺图的构成中，都要求包含输入变量的所有的可能组合。这个所有组合的每一项都依照"1"为变量本身，"0"为变量反而写成相与的形式，这个相与的项就是逻辑函数与或表达式的最小项。

【例2】写出输入量为 A，B 的最小项。

解：$F=f(A,B)$，其所有组合为 $\overline{A}\overline{B}$，$\overline{A}B$，$A\overline{B}$，AB（即真值表中的 00.01.10.11），其最小项为 $\overline{A}\overline{B}$，$\overline{A}B$，$A\overline{B}$ 和 AB。

设有 n 个变量，它们所组成的具有 n 个变量的与项中，每个变量以其原变量（变量本身）和反变量（原变量非）的形式出现一次，仅出现一次，则这个与项称为逻辑函数的最小项。n 个变量有 2^n 个最小项，这就是最小项的定义表述。

卡诺图就是一种最小项按一定规律排布的方格图，每一个最小项占有一个小方格。n 个变量有 2^n 个小方格。下面以二变量来说明卡诺图的构成。

表5-5为一个二变量的卡诺图。它有4个小方格，表示有4个最小项，每个最小项所占用的方格是规定的。例如，$A=0$，$B=0$ 时，其最小项为 $\overline{A}\overline{B}$，行列交叉处小方格为最小项 $\overline{A}\overline{B}$ 的小方格。

表5-5 二变量的卡诺图

A \ B	$0(\overline{B})$	$1(B)$
$0(\overline{A})$	$\overline{A}\overline{B}$	$\overline{A}B$
$1(A)$	$A\overline{B}$	AB

二变量卡诺图行和列上都只有一个变量,不能看出变量的排序规律,表 5-6 为一三变量的卡诺图,行仍然为一个变量 A,而列上为变量 BC,这时 BC 的取值组合有四种,这四种组合不能随意排序,必须按照循环码的顺序排列(即格雷码码值),其排列顺序为 00,01,11,10。如表 5-5 中所示,其每小格所对应的最小项和二变量表示方法相同,读者可以自行填上。

表 5-6　三变量的卡诺图

BC \ A	00	01	11	10
0				
1				

表 5-7 为四变量的卡诺图,有 16 个小方格,每个方格中的最小项表示方法同上。

【例 3】 写出四变量逻辑函数的最小项 $A\bar{B}CD$ 和 $\bar{A}BC\bar{D}$ 在表 5-7 中的位置。

解: $A\bar{B}CD$ 为 $A\bar{B}=10$,$CD=11$,其所在格为其交叉处。$\bar{A}BC\bar{D}$ 为 $\bar{A}B=01$,$C\bar{D}=10$,其所在格为其交叉处,如表 5-7 中所示。

表 5-7　四变量的卡诺图

CD \ AB	00	01	11	10
00				
01				$\bar{A}BC\bar{D}$
11				
10			$A\bar{B}CD$	

2. 逻辑函数的卡诺图表示

了解了卡诺图的构成后,接下来就必须了解卡诺图是如何表达逻辑函数或者逻辑函数是如何在卡诺图上表示的。

对于逻辑函数的与或表达式来说,卡诺图的表示就是把表达式中每一个最小项对应的方格中填入1,其余填入0。

在逻辑函数的与或表达式中,有的与项是最小项,有的与项是非最小项。例如:

$$F(A,B,C) = \overline{A}BC + A\overline{B}\overline{C} + \overline{B}C$$

式中,$\overline{A}BC$ 和 $A\overline{B}\overline{C}$ 为最小项,$\overline{B}C$ 为非最小项。这两种表达式在卡诺图中表达是不同的。

1) 最小项的卡诺图表示

最小项卡诺图表示是直接在最小项相应的方格中填入1。

【例4】用卡诺图表示逻辑函数表达式

$$F(A,B,C) = \overline{A}\overline{B}C + A\overline{B}\overline{C} + ABC$$

解: $\overline{A}\overline{B}C, A\overline{B}\overline{C}, ABC$ 均为最小项,故可直接在三变量卡诺图中相应的方格中填入1,其余方格均填入0(也可以不填,本书采用不填),见表5-8。

表5-8 例4卡诺图

A\BC	00	01	11	10
0	0	1	0	0
1	0	0	1	1

2) 非最小项的卡诺图表示

当逻辑函数表达式中含有非最小项时,传统的教材资料均要求先根据逻辑代数公式把非最小项化成若干个最小项之和,再按最小项方式在相应的方格中填上1。例如,$F(A,B,C)=A$,则

$$F = A \cdot (B + \overline{B})(C + \overline{C})$$
$$= (AB + A\overline{B})(C + \overline{C})$$
$$= ABC + AB\overline{C} + A\overline{B}C + A\overline{B}\overline{C}$$

然后,在4个最小项相应方格上,填上1就是 $F=A$ 的卡诺图表示。这种方法对初学者来说,难度大一些,对逻辑公式掌握程度要求高一些。

这里介绍的非最小项的交叉直接填入法是直接通过非最小项

表达式在卡诺图上写 1。这种方法简单、易掌握,很适合初学者。下面通过例子给予说明。

【例5】画出四变量 $F = A\bar{B}C\bar{D} + \bar{A}CD$ 的卡诺图。

解: $A\bar{B}C\bar{D}$ 为最小项,直接在其相应格(行 10 与列 10 的交叉格)中写上 1。

$\bar{A}CD$ 为非最小项,现在行中找到 $\bar{A}$ 所在行(00,01),画二条行线。再在列中找到 CD 行(1,1)画出一条列线。行线和列线相交叉的格子里写上 1,其余方格都为 0(表中未填),见表 5-9。

表 5-9 例 5 卡诺图

AB\CD	00	01	11	10
00			1	
01			1	
11				
10				1

【例6】画出四变量 $F=AB+C$ 的卡诺图。

解: AB 为非最小项,在行 AB(1,1)的所有方格上均填上 1。C 为非最小项,在 C 为 1 的列(11,10)所在的列的方格都写上 1。

$F=AB+C$ 的卡诺图见表 5-10,其中方格(1111)和(1110)是重叠的,这是允许的。

表 5-10 $F=AB+C$ 的卡诺图

AB\CD	00	01	11	10
00			1	1
01			1	1
11	1	1	1	1
10			1	1

上面两个例子说明了非最小项交叉直接填入法的方法是,如果非最小项的变量在卡诺图的行与列上都有,则在行和列的交叉点方格上写上 1。如果非最小项的变量仅在行或列上有,则整行或整列都写上 1。

由上面两个例子还可以看出,最小项只占一个方格,而非最小项由于变量减少,所占的方格反而增加。少一个变量占 2 个小格,少 2 个变量占 4 个小格,少 3 个变量占 8 个方格。而卡诺图能够对逻辑函数进行化简的道理也在这里。

3. 真值表的卡诺图表示

在很多逻辑控制设计中,往往直接根据逻辑控制要求先列出真值表,然后通过真值表列出逻辑函数与或表达式,最后通过卡诺图进行化简。实际上,由于真值表的变量所有组合已经是最小项,所以可直接从真值表变换成卡诺图表示,无须列逻辑函数表达式。

【例 7】已知根据某逻辑控制要求列出的真值表见表 5-11。试把表 5-11 变换成卡诺图表示。

表 5-11 真值表

A	B	C	F
0	0	0	0
0	0	1	1
0	1	0	1
0	1	1	1
1	0	0	0
1	0	1	0
1	1	0	0
1	1	1	1

解:由真值表可知,当变量 A,B,C 为 "001",即为 $\overline{AB}C$ 时,$F=1$,而 $\overline{AB}C$ 已经是三变量的最小项,所以只要在卡诺图中相对应的方格中填上 1 即可,真值表中有 4 个 1,每个 1 都对应了一个最小项,把这些最小项所对应的卡诺图方格内填上 1,就是真值表的卡诺图表示,见表 5-12。

表 5-12　例 7 卡诺图

A \ BC	00	01	11	10
0		1	1	1
1		1		

【5.2.2 练习题】

1. 逻辑函数有几种表达方式？写出它们的代数表达式。

2. 什么是逻辑函数最小项？一个逻辑函数 $F=f(A,B,C)$ 有多少个最小项？请写出函数的所有最小项。

3. 请画出下列逻辑函数的卡诺图。

（1）$F(A,B,C)=\overline{A}\overline{B}\overline{C}+\overline{A}B C+A B\overline{C}+A\overline{B}C$

（2）$F(A,B,C)=\overline{A}+A\overline{B}+AB\overline{C}$

（3）$F(A,B,C,D)=\overline{A}B+C$

5.2.3 逻辑函数的化简

在进行逻辑控制设计时，由控制要求或真值表所导出的逻辑函数表达式往往不是最简逻辑表达式。

例如，有两个逻辑函数表达式：

$$F = ABC + \overline{B}C + ACD \tag{5-1}$$

$$F = AC + \overline{A}\overline{B}C \tag{5-2}$$

将它们的真值表列出后，发现它们的真值表是一样的。也就是说，这两个逻辑函数完成的逻辑功能是一样的，是同一个逻辑函数。显然，式（5-2）要比式（5-1）简单得多。

逻辑函数表达式越简单，实现这个逻辑功能的逻辑电路结构就越简单，所需要的元件就越少，占用的硬件资源也越少。因此，在传统小规模的逻辑控制设计中，就需要通过化简手段找到逻辑函数表达式的最简形式，从而简化电路结构和节省资源。

常用的简化方法有两种：一种是利用逻辑代数公式进行化简；另一种是利用卡诺图进行化简。

1. 逻辑函数的公式化简

逻辑函数的公式化简就是反复利用逻辑代数基本公式和常用公式，通过逻辑运算省去函数中多余的乘积（与）项和多余的变量，求得最简化的函数式。

公式法化简没有一定的步骤，关键在于对逻辑代数公式的灵活运用，因而需要熟练掌握逻辑代数公式及其应用，对初学者来说，难度较大。下面仅举几例给予说明。

【例8】化简 $F = ABC + \bar{A}BC + B\bar{C}$。

解： $F = ABC + \bar{A}BC + B\bar{C}$
$= BC(A + \bar{A}) + B\bar{C}$　　（互补律）
$= BC + B\bar{C} = B(C + \bar{C})$　　（互补律）
$= B$

【例9】化简 $F = A\bar{B} + C + \bar{A}CD + BCD$。

解： $F = A\bar{B} + C + \bar{A}CD + BCD$
$= A\bar{B} + C + \bar{C}(\bar{A}D + BD)$
$= A\bar{B} + C + (\bar{A}D + BD)$　　（等同律）
$= A\bar{B} + C + (\bar{A} + B)D$
$= A\bar{B} + C + \overline{A\bar{B}} \cdot D$　　（摩根定律）
$= A\bar{B} + D + C$　　（等同律）

【例10】化简 $F = AB + \bar{A}\bar{C} + \bar{B}\bar{C}$。

解： $F = AB + \bar{A}\bar{C} + \bar{B}\bar{C}$
$= AB + \bar{C}(\bar{A} + \bar{B})$
$= AB + \bar{C}(\overline{A \cdot B})$　　（摩根定律）
$= AB + \bar{C}$　　（等同律）

2. 卡诺图化简基础知识

相比公式化简，卡诺图化简则简单得多，且有一定的规则和步骤，初学者很容易掌握。

卡诺图化简的原理，就是对逻辑函数的卡诺图中最小项为1的那些相邻最小项进行合并，消除一些变量而得到函数的最简与或表达式。

1）相邻最小项

在卡诺图中，如果两个最小项之间只有一个变量取值不同，其余变量相同，则称这两个最小项为相邻最小项。在卡诺图中，凡几何位置成上下或左右关系的最小项一定是相邻最小项，如图5-9(a)所示为上下相邻，图5-9（b）所示为左右相邻，此外，与卡诺图中心轴对称的左右两边及上下两边所对应的最小项也为相邻最小项。如图5-9（c）所示，左右两边的A与a，B与b，C与c，D与d均为相邻最小项，图5-9（d）中上下两边同样为相邻最小项。而对角的两个最小项均不是相邻最小项，如图5-9（e）所示。

在卡诺图中，两个相邻最小项的逻辑特点是它们仅有一个变量值不同。如图 5-9（a）中两个为 1 的相邻最小项的表达式是 $\overline{A}B\overline{C}D$ 和 $AB\overline{C}D$，则有 $\overline{A}B\overline{C}D + AB\overline{C}D = B\overline{C}D(A+\overline{A}) = B\overline{C}D$。消去了这两个最小项中的变量值不同的量 A 和 $\overline{A}$，这就是卡诺图能够化简的原理。用卡诺图进行化简的实质就是寻找相邻最小项，并将它们进行合并。

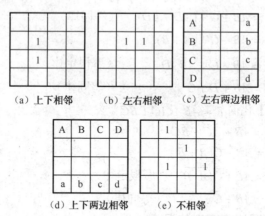

图5-9　相邻最小项

2）相邻最小项的合并

合并相邻最小项又称对卡诺图划圈，就是把卡诺图中所有为1的最小项按照相邻最小项的关系圈成一个矩形。每个矩形圈内只能含有 2^n（$n=0,1,2,3,4\cdots$）个最小项，即每个矩形圈含有最小项的个数一定为 1,2,4,8,16…等。图 5-10 表示了四变量中的几种典型合并圈法。

图 5-10（a）所示为 2 个相邻最小项合并圈法，注意，不要忘记左右两边和上下两边各自对应的最小项也可以圈起合并。图 5-10（b）所示为 4 个相邻最小项的合并圈法。当 4 个角上为 1 时，同样可以进行 4 相邻项合并。上下两边及左右两边，也可进行 4 相邻项合并（图中未画出）。图 5-10（c）所示为 8 相邻项合并。

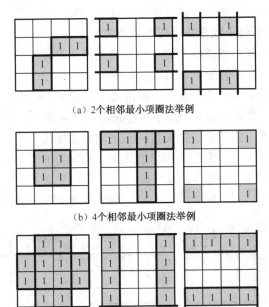

(a) 2 个相邻最小项圈法举例

(b) 4 个相邻最小项圈法举例

(c) 8 个相邻最小项圈法举例

图 5-10　相邻最小项合并示意图

图 5-11 为常见的初学者容易出错的合并圈法。

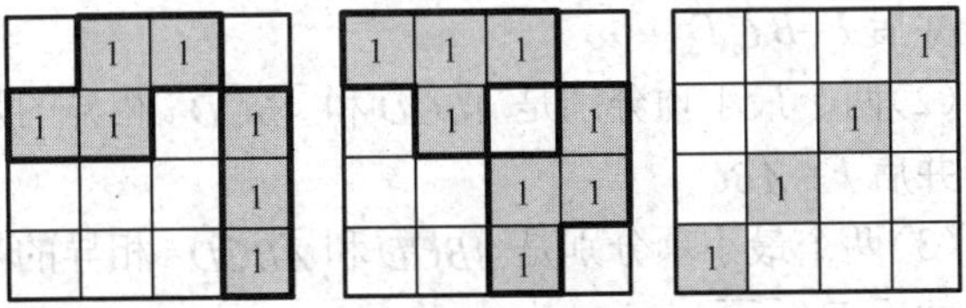

图 5-11　容易出错的合并

关于最小项的合并圈法，除了必须以 2^n 个相邻最小项圈成矩形外，还有以下一些规则必须遵守。

（1）先圈多的，再圈少的（由8,4,2,1 来先后考虑），使圈的矩形数目尽可能少。

（2）同一个最小项方格可以被多重矩形圈入，但每一个新增矩形圈必须至少含有一个未被圈过的最小项。

（3）卡诺图中，所有为 1 的小方格都必须被圈定，如果它不能被其他矩形所圈进，就要单独作为一个圈。

3．相邻最小项合并后与项表达式

把相邻最小项进行合并，目的就是得到简化与项表达式。简化结果与所合并的最小项的多少有关。

如果是 2 个最小项合并，可消去 1 个变量。4 个最小项合并，可消去 2 个变量。而 8 个最小项合并，则可消去 3 个变量等。

那么消去的是哪一个变量呢？规则是保留进行合并的所有最小项的相同变量，消去其相异的变量。把保留的变量相与就是这个合并矩形后的最简与项表达式。

【例 11】求图 5-12 所示的相邻最小项合并后与项表达式。

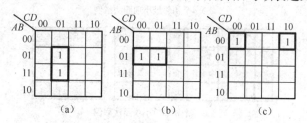

图 5-12　例 11 图

解：（1）两个最小项分别是 $\overline{A}B\overline{C}D$ 和 $AB\overline{C}D$。相异的是 A 项，消去，合并后 $F=B\overline{C}D$。

（2）两个最小项分别是 $\overline{A}B\overline{C}\overline{D}$ 和 $\overline{A}B\overline{C}D$。相异的是 D 项，消去，合并后 $F=\overline{A}B\overline{C}$。

（3）两个最小项分别是 $\overline{A}\overline{B}\overline{C}\overline{D}$ 和 $\overline{A}\overline{B}C\overline{D}$。相异的是 C 项，消去，合并后 $F=\overline{A}\overline{B}\overline{D}$。

【例 12】求图 5-13 所示相邻最小项合并后的与项表达式。

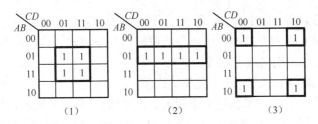

图 5-13 例 12 图

解：(1) 4 个最小项分别是 $\bar{A}B\bar{C}D$，$\bar{A}BCD$，$AB\bar{C}D$ 和 $ABCD$。相同的是 BD。合并后 $F=BD$。

（2）4 个最小项分别是 $\bar{A}\bar{B}CD$，$\bar{A}\bar{B}C\bar{D}$，$\bar{A}\bar{B}\bar{C}D$ 和 $\bar{A}\bar{B}\bar{C}\bar{D}$。相同的是 $\bar{A}\bar{B}$。合并后 $F=\bar{A}\bar{B}$。

（3）4 个最小项分别是 $\bar{A}\bar{B}\bar{C}\bar{D}$，$\bar{A}B\bar{C}\bar{D}$，$AB\bar{C}\bar{D}$ 和 $A\bar{B}\bar{C}\bar{D}$。相同的是 $\bar{B}\bar{D}$。合并后 $F=\bar{B}\bar{D}$。

【例 13】求图 5-14 所示的相邻最小项合并后的与项表达式。

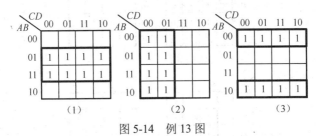

图 5-14 例 13 图

解：（1）根据上两例分析原理，可知 8 个方格的最小项相同的是 B。所以 $F=B$。

（2）同理，$F=\bar{C}$。

（3）上下边相邻之 8 个方格的最小项相同的是 $\bar{B}$，所以 $F=\bar{B}$。

4．逻辑函数的卡诺图化简

化简就是把逻辑函数的卡诺图表示中为 1 的最小项进行合并后，再写出它的各个矩形块的与或表达式。其中步骤如下所述：

(1) 将逻辑函数用卡诺图表示。

(2) 对卡诺图的最小项为 1 的方格进行合并处理。

（3）写出每个合并矩形块的最简与项表达式。

（4）将所有块的表达式写成逻辑函数与或表达式，即得该逻辑函数的最简与或表达式。

【例14】试用卡诺图化简 $F = A\bar{B} + C + \bar{A}CD + B\bar{C}D$。

解：（1）将函数用卡诺图表示，如图5-15（a）所示。

（2）根据最小项合并规则，将卡诺图分成3个相邻最小项矩形块，如图5-15（b）、（c）、（d）所示。它们的最简与项表达式为 $F_1 = C$，$F_2 = D$，$F_3 = A\bar{B}$。

（3）该函数最简与或表达式为

$$F = A\bar{B} + C + D$$

图5-15和例9比较一下结果，答案是一样的，但卡诺图容易得多。

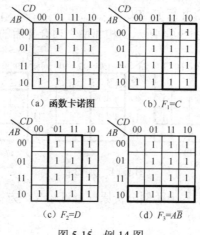

图 5-15　例14图

【例15】某逻辑函数卡诺图表示如图5-16（a）所示，试写出其最简与或表达式。

解：图5-16（b）～图5-16（e）说明了各个合并矩形块位置及相应的合并后与项表达式。该函数的最简与或表达式为

$$F = B\bar{C} + AB + B\bar{D} + \bar{A}CD + AC\bar{D} + \bar{A}\bar{B}CD$$

5. 含无关项卡诺图化简

在分析实际逻辑控制时，有时还会遇到某些变量组合不能出

现的情况。例如，在码制中讨论的 8421BCD 码，其二进制组合中的 1011~1111 六种组合是无效的，是不允许在编码逻辑中出现的，这种不允许出现的最小项称为卡诺图中的无关项，这些无关项的值是 1 是 0 都可以，并不影响逻辑控制的功能。通常把无关项的值写成"×"。

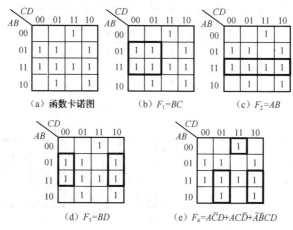

图 5-16　例 15 图

化简具有无关项的卡诺图时，如果能合理利用这些无关项，一般可以得到更加简单的化简结果。合理利用就是把这些无关项适当地为 1 或 0，与原来卡诺图中为 1 的最小项组成相邻最小项矩形块，得到更加简单的与项表达式。下面举例给予说明。

【例 16】试设计一个判别 8421BCD 码奇偶数逻辑函数，即当 8421BCD 码为 0,2,4,8 时，$F=0$；为 1,3,5,7,9 时，$F=1$。

解：根据控制要求，列出真值表表示为表 5-13。其卡诺图表示为图 5-17（a），如果不考虑无关项的值，卡诺图化简后的表达式为

$$F = \bar{A}D + A\bar{B}\bar{C}D$$

如果把其中 3 个相邻的无关项视为 1，如图 5-17（c）所示，则可组成一个含有 8 个最小项的相邻矩形块，其逻辑表达式为

$$F=D$$

比直接化简更简单。

表 5-13 真值表

A	B	C	D	F
0	0	0	0	0
0	0	0	1	1
0	0	1	0	0
0	0	1	1	1
0	1	0	0	0
0	1	0	1	1
0	1	1	0	0
0	1	1	1	1
1	0	0	0	0
1	0	0	1	1

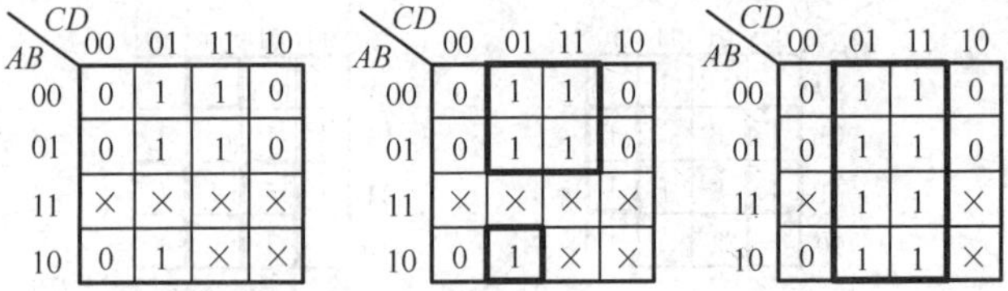

(a) 函数卡诺图　　(b) $F=\overline{A}D+A\overline{B}\overline{C}D$　　(c) $F=D$

图 5-17　卡诺图

【5.2.3 练习题】

1. 试用代数法化简下列逻辑函数。
（1） $F = \overline{A}BC + A\overline{B}C + AB\overline{C} + ABC$
（2） $F = A\overline{B} + BD + CD + \overline{A}D$

2. 将下列逻辑函数的卡诺图表示进行化简，并写出化简后的逻辑函数表达式。

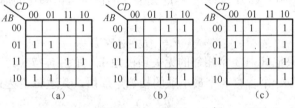

题 2 图　卡诺图

3. 用卡诺图化简法对下列逻辑函数进行化简。

（1） $F = A\bar{B} + BD + CD + \bar{A}D$

（2） $F = AC + A\bar{B}CD + ABC + \bar{C}D + ABD$

4. 化简下面带无关项的卡诺图，写出化简后的逻辑函数表达式。

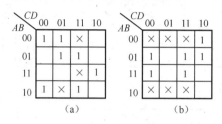

题 4 图　卡诺图

5.3　逻辑代数在工控技术中的应用

5.3.1　继电控制和梯形图中的逻辑关系

1. 继电控制与梯形图中的逻辑关系体现

在工业电气继电控制线路中，线路的接通和断开都是通过相应电气元件的触点的动作来完成的。这里，不论是触点的通断还是线圈的通断都是两种状态的转换。因此，从本质上来说，继电控制线路是一种逻辑控制电路。其输出（各种线圈等负载）与输入（各种有源无源开关）之间的关系是一种逻辑函数关系。而 PLC 的早期应用就是替代复杂的继电控制系统。因此，PLC 的输出与其输入也是一种逻辑函数关系。这就是逻辑代数能够应用于继电控制系统和 PLC 逻辑控制梯形图的依据。

逻辑代数中的三种基本逻辑运算在继电控制线路或梯形图中都有着相对应的体现。表 5-14 所示为基本逻辑关系与继电控制线路及梯形图的对应关系。

2. 梯形图中的与或表达式

根据表 5-14 的相对应关系，一个以与或表达式表示的逻辑函数很容易用梯形图表示出来（当然，也会很容易用继电控制线路画出）。

表 5-14 基本逻辑关系与继电控制线路及梯形图的对应关系

逻辑关系	继电控制线路	梯形图
$A \cdot B$	A B	A B
$A+B$	A / B	A / B
$\bar{A}$	A	A

【例17】试用梯形图表示逻辑函数 $F = A\bar{B} + C + \bar{A}CD + B\bar{C}D$。

解：梯形图表示如图 5-18 所示。

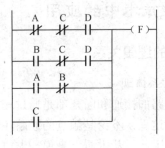

图 5-18　例 17 图

比较一下梯形图与逻辑函数，可以看出，它们之间有着一一对应关系。逻辑函数中每一个与项都用一个梯级相与表示，然后将所有与项的梯级进行并联相或即可，非常容易掌握。如果是继电控制，则用常开触点和常闭触点代替图中的常开和常闭符号连接就行。但是如果触点较多时，对于继电控制线路来说，还必须用中间继电器进行触点扩充，其所形成的继电控制电路图会复杂一些。而对 PLC 的梯形图来说，其常开和常闭触点有无限个可用。因此，下面都以梯形图为例进行讲解。

5.3.2　梯形图的组合逻辑控制设计

1. 组合逻辑控制的概念

逻辑控制按其性质分为组合逻辑控制和时序逻辑控制两类。

什么是组合逻辑控制？当逻辑控制的输出状态仅仅取决于输入的当前值状态，而与输入、输出的以前状态无关的逻辑控制称为组合逻辑控制。

组合逻辑控制的特点如下所述。

（1）输出状态仅与当前输入状态有关，其结果是唯一的，且其转换马上实现。

（2）无反馈，即函数表达式中仅含输入变量，不含输出变量。

上面所介绍的逻辑代数的基本知识都符合组合逻辑的特点。因此，这些知识都可直接应用于组合逻辑控制。

2．梯形图的组合逻辑控制设计

梯形图的组合逻辑设计就是，在开关量控制的程序设计时，对控制任务进行逻辑控制分析，列出输出和输入之间的真值表，对真值表进行化简，写出最简逻辑函数与或表达式，根据表达式设计梯形图程序。下面通过例子给予说明。

【例18】 3 个地方 A,B,C 有 3 个开关，同时控制一盏灯，控制要求是如果灯是灭的，则按任何一个开关均可将其打开，如果灯是亮的，则按任何一个开关均可将其关闭。试设计梯形图程序。

解：设 A,B,C 分别代表 3 个自锁型按钮，按下为 1，松开为 0。Y 代表灯，亮为 1，灭为 0。

控制分析如下所述。

（1）当 3 个开关 A,B,C 均为 0 时，灯应不亮，$Y=0$。

（2）当任一开关为 1 时，这时有 3 种可能，即 ABC 为 100,010,001 时，灯应亮，$Y=1$。

（3）当任一开关为 1 时，例如，A 为 1，如果这时，其余两个开关 B、C 只要有一个为 1 时，灯应灭，说明只要有两个开关为 1，灯就灭，也有 3 种可能，即 ABC 为 101,011,110。如果松开的是使灯亮的开关本身，则为 000，灯灭，也符合控制要求。

（4）当两个开关为 1 而造成灯灭时，如 A、B 为 1，如果这时，按下第 3 个开关，则灯应亮，即 ABC 为 111 时，$Y=1$。如果松开造成灯灭的两个为 1 的开关中的一个，则变成只有 1 个开关为 1，灯灭，$Y=0$，也符合控制要求。

根据以上分析，可列出控制逻辑真值表见表 5-15。

表 5-15 真值表

A	B	C	Y
0	0	0	0
0	0	1	1
0	1	0	1
0	1	1	0
1	0	0	1
1	0	1	0
1	1	0	0
1	1	1	1

由真值表画出其相应卡诺图如图 5-19 所示。从卡诺图上可以看出，无合并最小项。所以，其逻辑函数表达式为

$$Y = \overline{A}\overline{B}C + \overline{A}B\overline{C} + A\overline{B}\overline{C} + ABC$$

相应梯形图程序如图 5-20 所示。

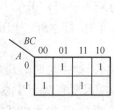

图 5-19 卡诺图

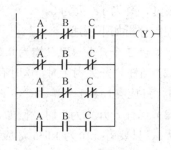

图 5-20 梯形图程序

【例 19】有四台电动机，要求在不同的运行状态下用指示灯显示其运行状态。如有三台及三台以上运行时，绿灯常亮；两台运行时，绿灯以 1Hz 的频率闪烁。一台开机时，红灯以 1Hz 的频率闪烁。全部停机时，红灯常亮。试设计梯形图程序。

解：四台电动机分别以 A、B、C、D 表示。其运行为 1，停止为 0，指示灯绿灯为 Y_0，红灯为 Y_1。灯亮为 1，灭为 0，灯闪烁仅为在控制条件上串联一 1s 的内部时钟（三菱 FX PLC 为特殊辅

助继电器 M8013），并不影响逻辑关系。

控制分析：四台电动机根据其运行和停止一共有 16 种组合，不同的组合对应不同的输出。根据控制要求，可以很快列出其控制逻辑真值表见表 5-16。

表 5-16　真值表

A	B	C	D	Y_0 亮	Y_0 闪烁	Y_1 亮	Y_1 闪烁
0	0	0	0			1	
0	0	0	1				1
0	0	1	0				1
0	0	1	1	1			
0	1	0	0				1
0	1	0	1		1		
0	1	1	0		1		
0	1	1	1	1			
1	0	0	0				1
1	0	0	1		1		
1	0	1	0		1		
1	0	1	1	1			
1	1	0	0		1		
1	1	0	1		1		
1	1	1	0		1		
1	1	1	1	1			

对每一种输出由真值表画出相应卡诺图如图 5-21 所示，并对卡诺图进行化简，得出每一种输出的与或表达式如下：

Y_0（绿灯亮）$=ACD+BCD+ABC+ABD$

Y_0（绿灯闪烁）$= \overline{A}B\overline{C}D + \overline{A}BC\overline{D} + \overline{A}BC\overline{D} + A\overline{B}C\overline{D} + A\overline{B}\overline{C}D$
$+ A\overline{B}\overline{C}\overline{D}$

Y_1（红灯亮）$= \overline{A}\overline{B}\overline{C}\overline{D}$

Y_1（红灯闪烁）$= \overline{A}\overline{B}\overline{C}D + \overline{A}\overline{B}C\overline{D} + \overline{A}B\overline{C}\overline{D} + A\overline{B}\overline{C}\overline{D}$

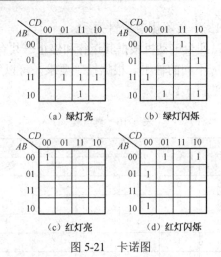

图 5-21 卡诺图

由逻辑表达式画出梯形图如图 5-22 所示。

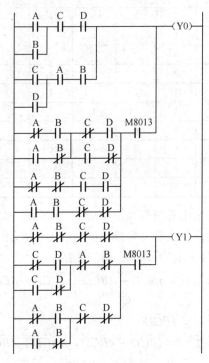

图 5-22 梯形图

真值表设计是一种比较简单的梯形图设计，它的最大优点是全面反映了输入和输出在各种不同控制情况下的逻辑关系。避免了其他方式可能存在的控制上的遗漏。而且，真值表设计不需要程序设计知识和设计经验，比较容易学会。它的缺点是如果输入变量较多的话，真值表非常大，例如，有 10 个控制点，完全表格有 1024 行，而且利用真值表设计的程序都比较长。

5.3.3 梯形图的时序逻辑状态分析与控制设计

1. 梯形图的时序逻辑状态分析

在继电器控制线路和梯形图中，大多数控制都为时序逻辑控制。什么是时序逻辑控制？凡逻辑输出不但与输入变量当前状态有关系，还与输入/输出的过去状态有关的逻辑控制为时序逻辑控制。

时序逻辑控制的特点如下所述：

（1）有反馈，时序逻辑控制的与或表达式，不但含有逻辑变量，还含有输出变量（包含自身和其他输出变量）。

（2）具有记忆功能。能记住输入变量已经作用过的状态和输出变量已经存在的状态。

（3）具有多种输出。同一个变量，同一个输入状态，但由于历史状态和输出现态不同，会有不同的输出。

比较典型的最简单的时序电路就是继电控制中的"起保停"电路，如图 5-23 所示。

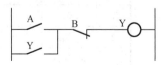

图 5-23 "起保停"电路

其输出 Y 的逻辑函数表达式为

$$Y = (A + Y) \cdot \overline{B}$$

Y 的表达式不但为变量 A、B 的函数，还是其自身的函数。表达式中的 Y 为反馈输入。由表达式可知，Y 的新状态不但与 A、B 状态有关，还与 Y 的自身状态有关，这个自身的状态是 Y 在上一次变化后的状态。在逻辑控制中，一般把过去的状态称为前态，而把当前变化后的状态称为现态。也就是说，输出 Y 的现态不但与变量 A、B 有关，还与 Y 的前态有关。

在组合逻辑控制中,如果单独使用 A 去控制 Y,则 A 通 Y 通,A 断 Y 断。作为器件,A 是不能用来当按钮的。因为当按钮按下时($A=1$),$Y=1$,但当按钮松开时($A=0$),Y 随即也变为 0。组合逻辑控制没有自保持功能。但图 5-23 的时序逻辑控制却不同,它具有记忆功能,能记住输出的状态变化。对时序逻辑控制,一般可采用状态分析。状态分析就是根据时序控制逻辑函数对控制电路进行分析,得出电路中每个输入变量(主控电器)的动作状态而写出输出的状态真值表。现以"起保停"电路为例进行介绍。

先对主控电器 A、B 的状态进行分析,A 为启动按钮,接成常开状态,表示 A 按下时为 1(触点闭合),松开时为 0(触点断开),B 为停止按钮,接成常闭状态,逻辑表示为 $\bar{B}$,其按下为 1(触点断开),松开为 0(触点闭合)。对输出 Y 来说,其通电为 1(启动),断电为 0(停止)。具体分析时,把主控电器的各种状态代入逻辑表达式中,得到输出状态的真值表,见表 5-17。

表 5-17 真值表

序号	\multicolumn{5}{c}{$Y = (A+Y) \cdot \bar{B}$}
	A	B	Y	Y	说明
1	0	0	0	0	初态
2	1(按)	0	0	1	启动
3	0(松)	0	1	1	保持启动
4	1(按)	0	1	1	保持启动
5	0(松)	0	1	1	保持启动
6	0	1(按)	1	0	停止
7	0	0(松)	0	0	保持停止

状态分析的要点是对按钮的两种状态都必须进行分析,在分析时,表达式右边的输出 Y 必须按钮动作变化前的输出 Y 状态表示,例如,表中第 3 行的 Y 必须按照上一行的 Y 状态($Y=1$)填写。因为当你松开按钮前,$Y=1$。通过状态分析,很容易得到各个主控电器的作用。在继电控制线路中,凡是电器状态改变能引起输出

状态变化的（一个或多个输出）都称为主控电器。

按钮的一按一松相当于发出脉冲信号。因此，在时序逻辑控制中，基本操作都是脉冲信号操作。

【例20】图5-24所示为一时序逻辑控制梯形图，A 为按钮，试分析其控制功能。

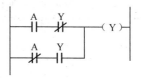

图 5-24　例 20 控制梯形图

解：Y 的逻辑表达式为

$$Y = A\bar{Y} + \bar{A}Y$$

其状态真值表见表 5-18。

表 5-18　状态真值表

序号	A	$\bar{Y}$	Y	说明
		$Y = A\cdot\bar{Y}+\bar{A}\cdot Y$		
1	0	0	0	初态
2	1（按）	0	1	启动
3	1	1	0	停止
4	1	0	1	启动
5	0（松）	1	1	启动
6	1（按）	0	1	启动
7	1	1	0	停止
8	1	0	1	启动
9	1	1	0	停止
10	0（松）	0	0	停止

当按钮 A 按下时，Y 启动。如果这时按钮 A 仍然处于按下状态（如表中第 2,3,4 行），就会发现，输出 Y 在启动（1）和停止（0）之间跳动。而松开按钮 A，则 Y 的状态是不确定的，如果正好在 Y=1 时瞬间松开，则维持 Y=1 状态。如果在 Y=0 时瞬时松开，则维持 Y=0 状态（如表中第 6,7,8,9,10 行）。

这个控制的本意是用一个按钮来控制某一物体的两种状态（如电动机的启动和停止）。按一下启动，再按一下停止，再按一下启动如此循环操作。但是由于产生了时序的竞争，使控制电路并不能实际应用。这里的时序竞争是指按钮 A 按下到松开的时间必须小于 Y 从断开到接通的时间，才能正常工作。在继电控制线路中，这一点是很难做到的。而在 PLC 的梯形图程序中，由于利用了梯形图的顺序扫描执行和一个扫描周期触发的特点，所以可以做到。

图 5-25 是改进后的 PLC 梯形图。

图中 -|↑|- 表示当 A 按下后，不管按下多长时间，M 只接通一个扫描周期，A 再次按下后，再接通一个扫描周期。而 M 的接通在 Y 的状态变化后再次执行该段梯形图程序前已经断开，使 Y 的状态变化得到保持。状态真值表见表 5-19。

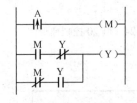

图 5-25 改进后的梯形图

表 5-19 状态真值表

序号	A	M	Y̅	Y	说明
		$Y = M \cdot \overline{Y} + \overline{M} \cdot Y$			
1	0	0	0	0	初态
2	1（按）	1	0	1	启动
3	1	0	1	1	保持启动
4	0（松）	0	1	1	保持启动
5	1（按）	1	1	0	停止
6	1	0	0	0	保持停止
7	0（松）	0	0	0	保持停止

2. 梯形图的时序逻辑控制设计

时序逻辑控制不但和输入变量有关，还和输出变量的状态有关。梯形图设计远比组合逻辑控制复杂。到目前为止仍然没有一个类似真值表法设计组合逻辑电路那样简单易行的方法。在设计过程中，往往需要增加一些中间变量，使逻辑关系变得相对复杂。设计时，要反复调试参数才能完成，因此，目前仍然是使用经验法来进行设计的多。虽然某些资料上也介绍了"状态表设计"等方法，但也需设计经验支持，并不适合初学者学习，这里就不予介绍了。

但在时序逻辑控制中，有一类控制是周期性循环控制，如组合机床的工作循环等。由于其步序清楚、时序分时，也常常采用绘制脉冲波形时序图进行分析、设计梯形图。

反侵权盗版声明

电子工业出版社依法对本作品享有专有出版权。任何未经权利人书面许可,复制、销售或通过信息网络传播本作品的行为,歪曲、篡改、剽窃本作品的行为,均违反《中华人民共和国著作权法》,其行为人应承担相应的民事责任和行政责任,构成犯罪的,将被依法追究刑事责任。

为了维护市场秩序,保护权利人的合法权益,我社将依法查处和打击侵权盗版的单位和个人。欢迎社会各界人士积极举报侵权盗版行为,本社将奖励举报有功人员,并保证举报人的信息不被泄露。

举报电话:(010)88254396;(010)88258888
传　　真:(010)88254397
E-mail:　dbqq@phei.com.cn
通信地址:北京市万寿路173信箱
　　　　　电子工业出版社总编办公室
邮　　编:100036